U0345695

生态城乡与绿色建筑研究丛书
国家自然科学基金重点项目
湖北省学术著作出版专项资金资助项目
李保峰　主编
陈宏　副主编/刘小虎　执行主编

Modular Green Rural Housing

模块生成式绿色乡村住宅

刘小虎 田甜 刘晗 杨乐　著

中国 · 武汉

图书在版编目(CIP)数据

模块生成式绿色乡村住宅/刘小虎等著.—武汉:华中科技大学出版社,2019.12
(生态城乡与绿色建筑研究丛书)
ISBN 978-7-5680-5530-7

Ⅰ.①模… Ⅱ.①刘… Ⅲ.①农村住宅-建筑设计-中国 Ⅳ.①TU241.4

中国版本图书馆 CIP 数据核字(2019)第 175840 号

模块生成式绿色乡村住宅　　刘小虎　田　甜　刘　晗　杨　乐　著
Mokuai Shengchengshi Lüse Xiangcun Zhuzhai

策划编辑:易彩萍
责任编辑:熊　彦
封面设计:王　娜
责任校对:刘　竣
责任监印:朱　玢
出版发行:华中科技大学出版社(中国·武汉)　电话:(027)81321913
武汉市东湖新技术开发区华工科技园　邮编:430223
录　　排:华中科技大学惠友文印中心
印　　刷:武汉市金港彩印有限公司
开　　本:710mm×1000mm　1/16
印　　张:11
字　　数:169 千字
版　　次:2019 年 12 月第 1 版第 1 次印刷
定　　价:128.00 元

本书得到以下3个基金项目资助：

(1) 国家自然科学基金重点项目(51538004)：城市形态与城市微气候耦合机理与控制。

(2) 国家自然科学基金面上项目(51178198)：设计与技术整合的夏热冬冷地区农村住宅低碳策略研究。

(3) 华中科技大学自主创新基金项目(2016YXZD013)：基于工业化及适宜性技术集成的装配式乡村住宅研究。

作者简介 | About the Authors

刘拾尘(刘小虎)

任职于华中科技大学建筑与城市规划学院湖北省新型城镇化工程技术研究中心,教授、博导,院长助理、建筑学系副主任。

不列颠哥伦比亚大学(UBC)访问学者。兼任华中科技大学中欧清洁与可再生能源学院(ICARE)教授,SCI 期刊审稿人、国家自然科学基金评阅人,湖北省村镇建设协会常务理事。

主要研究方向为绿色建筑、乡村建设、传统保护与现代化。教学课程为建筑设计、建筑技术概论、绿色建筑设计研究、数字建筑设计。主持国家自然科学基金项目 1 项、其他省部级基金项目多项,发表论文 20 余篇,申请国家发明专利 2 项,多次获省部级奖,指导学生多次获国际国内奖。

田　甜

建筑师,硕士毕业于华中科技大学建筑与城市规划学院湖北省新型城镇化工程技术研究中心。

现任职于中国建筑设计咨询有限公司。

刘　晗

任职于湖北城市建设职业技术学院,副教授。

主要研究方向为智慧城市、城乡规划、传统村落保护。教学课程为建筑制图、建筑构造、居住区规划。

杨　乐

建筑师，硕士毕业于华中科技大学建筑与城市规划学院，现任武汉城铁城市开发经营有限责任公司工程设计部经理。主要研究方向为绿色建筑、传统村落及传统民居保护和现代化。

前　言

较城市而言，村落更多地继承了中国古代农业聚落适应地缘的特点，并在适宜技术上不断演进，表现出对地域气候低能耗的正确反应。快速城镇化下的当代乡村粗糙复制城市模式，造成资源、能源浪费，亟须将传统气候经验提炼成简单科学的模式作为技术支持。

夏热冬冷地区的乡村住宅量大面广，本书旨在提出整合设计与节能技术的综合绿色节能策略。以鄂东北地区村落调研为基础，从传统民居、村落中寻找低技、低价、低能耗的气候应对策略，总结出“绿色模块”——兼具传统、当代技术、地域性特征的局部做法，并最终形成开放式的户型组合体系。

本书研究过程按以下几个步骤进行。

(1) 通过定性分析，在大量调研的基础上，分析总体布局、空间组织、体量造型、构造做法及建筑材料各层面气候应对策略并阐明其中的原理。

(2) 通过定量分析，对比传统村落和当代自建村落，分析单体村落空间特征、构造做法上的优劣。

(3) 在此基础上，展开农宅的优化设计，将传统空间格局优势与当代功能需要相结合，形成基本优化户型。

(4) 秉承开放性原则，进行“绿色模块”设计——材料易取、技术容易，例如晾晒空间、天井、太阳墙等，通过模块自由组合，适应多种户型需求；并用ArchiCAD软件建立BIM模型，直观地对比传统建造经验、农宅现状与当代绿色技术的节能成本、效果。

(5) 综合户型、“绿色模块”提出多种可选的组合方案，选择一种作为示范户型，深入探讨它的热工性能、成本造价，并最终形成村落的设计。

本书注重乡村住宅的地域性挖掘、传统气候经验的继承以及现代生活背景下乡村住宅户型的现代化。

目　　录

第一章 今日乡村

建筑是人类在大自然中的庇护所。人们在设计建筑时最先考虑的是给予人舒适的内部环境。人类的群居生活促使建筑物产生了各种组合集聚的形式,形成了聚落,也就是中观层次上的人居环境。村落比城市出现得更早,是最原始的聚居方式,随后因为防御或者是工商业发展的需要,才逐渐出现了城邦或城市。在第二次劳动大分工时期,聚落分化成两种类型:一种是村落,生产方式主要为农业;另一种是城市,生产方式是手工业、工商业等非农业。和城市比起来,村落更加继承了中国古代农业聚落的延续性——以适应地缘(当地气候、地理、风土等)来展开生活,农宅则是在适宜技术上不断演进,很少受到等级、形制的影响。

中国是一个以农立国的国家,节气、天象这些与农耕息息相关的知识,古人在先秦时就已通晓并不断钻研。传统民居、村落在总体布局、空间组织、体量造型、构造做法及建筑材料等各个层面,经过长期的自然淘汰与进化,表现出对所处地域气候被动、低能耗的正确反应,建筑材料易取且该优势得到充分发挥,构造明晰、结构合理并富有韵律感,处处体现出人与自然、人与人和谐共生的智慧,值得我们研究、借鉴和学习。

第一节 时代背景

一、乡村衰败

从 19 世纪的工业革命开始,一直到 20 世纪互联网技术的迅猛发展,生产方式和科技的进步在不断改变人类社会。在不可避免的经济、文化一体化浪潮下,农民生产方式、生活方式、文化传承、思想观念发生改变,农村人口数量、家庭结构发生改变,交通工具、生产工具亦随之发生改变,传统村落面临巨大冲击。

根据国家统计局发布的数据,2005 年到 2015 年,我国有近 90 万个自然村落消亡,平均每天减少 200 余个。除了第一批列入中国传统村落名录的村落得到较好的保护外,大多数传统村落处于自生自灭的状态。当地人对村落的稀缺性和不可再生性缺乏认识,保护意识淡薄。村落的传统格局、自然风貌、民俗文化等"自然性颓废"现象严重。同时,由于大量青壮年劳动力外出务工,许多村落逐渐演变为由留守的儿童、妇女、老人守候着千年传统的余脉。村落的文化传承出现断裂,所包含的传统、特色、地域文化受到严重侵蚀,后继无人、濒临灭绝。传统村落千百年积累下的、经历自然气候实践考验的建造经验、建构技术正在快速消失,对其气候适应性的研究迫在眉睫。

截至 2019 年,中共中央发布的"一号文件"已经持续强调"三农"问题 16 年之久,并且相应地出台了一系列新政策。为了达到强农、惠农的目标,2012 年 4 月,中华人民共和国住房和城乡建设部、文化部、国家文物局、财政部四大部门联合发布《关于开展传统村落调查的通知》(建村〔2012〕58 号)。2014 年 4 月,这四大部门又推出了《关于切实加强中国传统村落保护的指导意见》(建村〔2014〕61 号)。对传统村落的研究保护既是政策导向,也是当今时代的历史使命。

二、建设困惑

1956 年,第一届全国人民代表大会第三次会议通过了《高级农业生产合作社示范章程》。2005 年,在中国共产党十六届五中全会上,中央确定了"建设社会主义新农村"的主题。新农村建设一直是中国村落建设的奋斗目标和时代命题。如火如荼进行的新农村建设,彻底改变了中国村落的面貌,充

分满足了当代农民生产、生活的需求。欣喜之余,仍有一些方面要谨慎地反思。

在新农村建设中,部分地区在对村落文化遗产保护和传承的思考中有所欠缺,这些地区盲目进行旧村改造,把一些依山傍水、古朴宁静的村落摧毁后重新修葺,这种盲目的行为使传统村落的格局和风貌发生颠覆性的改变,传统民居也同时受到了毁灭性破坏。一些地方政府极力推行村容整治、大修马路、粉刷墙体等,硬生生地把村落原本具有的自然生态、历史风貌、传统肌理肢解破坏。造成新农村千村一面、万村一貌,缺乏文化与特色做根基,显得单薄而贫乏。缺乏设计、功能不合理、建造技术落后、建筑材料使用不当等,导致当代农村住宅质量无保证、欠缺美感、能源大量浪费。农村建筑条件独特,节能设计不宜照搬城市模式,应发挥密度低、可再生能源充分、乡土材料充足的优势。

2013年,中央城镇化工作会议指出:让居民望得见山、看得见水、记得住乡愁;要融入现代元素,更要保护和弘扬传统优秀文化。

乡村建设,仅抱有极大的热情还不够,没有明确的方法,缺乏相关知识和技能做支撑,盲目地投入精力、财力、物力极为不妥。

因此,保护传统建造技术、传统民居和传统村落,提炼传统民居的气候经验,为当前的乡村建设提供可借鉴的参考模式,具有重要的实践意义。

三、土地、能源浪费

建筑行业是能耗大户,建筑总能耗居全国各类能耗之首,其中,农村能耗突出,是节能减排不可忽视的重要部分。乡村经济正快速发展,农民的生活水平有了显著的提高。在住宅方面,一些设备比如空调正在逐渐走入乡村家庭,但是目前乡村住宅的热工性能并不好,对保持室内恒温并没有起到很大的作用。在巨大的建设规模下,乡村建筑在节能设备方面的欠缺,会加重能源短缺问题。

我国可以耕种的土地越来越少,加之城市化和经济发展需要大量建设用地，可能会面临用地紧张的局面。在村落建设过程中，由于土地价格低廉，缺乏有效引导和监管，很多自建的当代村落用地浪费现象严重。

综上所述，全球经济、文化一体化引起了传统村落与乡土建筑的衰败；人类社会高速发展带来全球性生态与环境危机，资源、能源紧张；我国面临用地紧张的局面以及快速城镇化导致的大规模乡村建设问题；地域文化保护的呼声日益高涨，并得到广泛的认同和重视。以上构成了本书研究的宏观时代背景。

第二节　传统与现代之间——传统民居气候适应性如何运用于当代村落

当代绿色村落建设需将三种要素结合：一是传统村落中积累的气候适应经验；二是来自工业化体系的知识和技术；三是当代生活的真正需求。本书从以下四个方面对绿色村落建设进行研究。

1. 村落层面的气候适应性

“民居”一词本身涵盖住宅及周围的居住环境，因此，不仅要对单体建筑的功能、空间形态、材料、建构方式等进行研究，也要对传统村落建筑布局、空间形态与环境生态的适应规律进行认知和解析。

2. 乡村住宅户型设计研究

通过调研鄂东北地区典型村落、民居形制，研究不同时代该地区传统民居拓扑变形以及农民的生活配置和房屋的状况，梳理成果后，将结果量化并对比，归纳出典型现状及需要改进的地方。

在研究基础上，得出新的平面形式，符合当地居民的生活习惯和现代人的生活需求，规整、简洁，符合农民群体的审美观念。

3. “绿色”模块的组合策略

对鄂东北地区乡村住宅进行节能设计研究，把乡村住宅分解成不同的模块单元。对于模块单元本身，考虑气候适应性。在绿色技术的选择上，考

虑与乡村生产相适应的技术。例如针对天井空间、阳台晾晒空间、屋顶、围护墙体等分别有适合的设计方式和构造方式。再根据用户需要和现场情况来选择不同的组合策略。

由模块单元组合成整体，各个模块单元可以替换。这样可以使整个乡村住宅的设计具有多样性和广泛适应性。

4. 开放式的建造体系研究

工业化材料在国内外城市建设中应用广泛，其优势在于量化生产，从而构成快速装配体系。结合现代工具可以使构件之间的安装更为容易。但是工业化忽视了对乡土材料的应用，且目前乡村生产技术条件落后，需花费高成本从外地运输，使乡村对工业化材料的利用受到限制。

适宜的营建体系应该结合工业体系和乡土体系，不仅使用工业化的装配材料，还使用各种乡土材料，甚至是当地的材料，实现工业体系乡土化、乡土体系现代化。

加强建造体系的开放性。开放性是指要充分利用当地的力量、劳动力及历史传承的智慧。要把建造体系简化到农民自己可以操作，简化建造工艺、节点构造，强调材料的易获取性，使之更容易推广。

第三节 他山之石

一、国外传统民居

（一）对传统民居气候适应性的定性分析

国外研究者的研究发轫于对传统民居中运用的气候适应方法的发现和描述，并确立了基本认识：传统民居具有良好的气候适应性，建筑地域性的外观形式与气候因素显著相关。此时的研究对象大多为建筑单体。

M. N. Bhadori 介绍了一些被动式降温方法，主要是针对伊朗沙漠干热气候区传统建筑；Al-Motawakel 等研究了也门的民居形态、材料选择等因素与热环境之间的关系；Ahmet Vefik Alp 总结了中东沙漠干热气候区传统民居的气候适应方法，并进行了原理分析；H. Al-Hinai 等总结了阿曼的民居建设中改变室内热环境的方法。泰国建筑师、理论家朱姆赛依（S. Jumsai）在西方学成回国后，强烈感觉到东西方文化的差异，并重新体会到泰国本土文化的魅力，他把这些区别总结为“水生文明”。

研究者对传统民居早期的研究方法是定性研究，即通过语言和分析图进行描述，试图理解原理并做出解析，具有不完整、片段式的特点。随着研究的深入和资料的积累，包括 20 世纪 70 年代能源危机等时代原因，研究者对于传统民居气候适应方法和机制有了较完整和系统的论述。

（二）对传统民居气候适应性的定量研究

依据实测环境数据进行定量研究逐渐成为研究者对传统民居气候适应性进行研究普遍使用的方法，测量方法和数据分析方法随之逐步完善。传统民居热工性能评价、环境热舒适性评价、能耗分析相继展开，采用定量分析研究的结论更具有说服力。

Ali Sayigh 等对卡塔尔干热地区的乡土建筑热环境进行测量并分析其建筑形态和建筑材料热工性能。Nicola Cardinale 对意大利南部夏季干热地区的传统民居进行了室内环境的监测，认为当地的传统乡土建筑具有较好的气候适应性，研究表明，厚重的覆土层起到了良好的保温隔热作用。A. S. Dili 对喀拉拉邦地区的典型内院建筑进行实地测量，用定量分析的方法证明了传统建筑材料的重要性。

专家学者对气候适应性的研究范围从建筑单体扩展到建筑群体以及村落层面。摩洛哥的 Erik Johansson、印度的 Madhavilndraganti 对干热地区的传统村落进行了研究，通过实测，认为高密度的村落空间结构和狭窄的街巷保证了冬暖夏凉的村落热环境。

(三)传统民居气候适应性的现代运用

许多第三世界国家的建筑都呈现出鲜明的乡土性,各地的乡土性不仅表现出浪漫的情怀或别致的形象,而且由于社会现实的需要,明智地将传统与乡土性向现代延伸。

埃及建筑师法赛为了给穷人解决住宅问题,长期致力于运用本土最廉价的材料与最简便的结构方法(日晒砖筒形拱)来进行大量住宅的实践与研究。他为此制定了既适合生活,同时也是最经济的尺度,改良建筑结构与施工方法,对之进行标准化设计,并在组合中对隔热、通风、遮阳等要素做了周密的考虑与妥善的安排。居民住宅布局为了适应当地的恶劣气候条件,通过狭小的内院来组织居住空间,比如用弄堂来处理住宅之间的空间。

斯里兰卡建筑师巴瓦(Geoffrey Bawa)设计的席尔瓦住宅几乎吸收了传统住宅所有的特点,但却是一座完全符合现代生活要求与生活情趣的住宅。这种以现代的方式来表达传统的设计意志和态度的建造方式,体现了巴瓦所说的:“虽然历史给了很多教导,但对于现在该做些什么却没有作出全部回答。”

柯里亚(Charles Mark Correa)是世界公认的对印度本土建筑有极强兴趣的建筑师,他曾获得许多国家的建筑金奖。他在本土建筑上的兴趣主要集中于建筑空间布局及运用不同材料和追求低廉的造价等方面。因此在建筑空间与所处的气候区的关系上,他认为形式应该追随气候。他研究了印度传统居住形式、空间形式,并试图继承和深度发掘这种形式,这些研究让他得到了建筑界一致的认可。他曾经研究建造出了许多成功案例,这些案例的共同点为都属于低技派,比如“管式住宅”。柯里亚的成功建造手法大多归功于有目的地改变建筑空间,而改变建筑空间则是为了迎合气候。

在探索土耳其新地域性建筑的过程中,埃尔旦(Sedad Hakki Elden)、坎塞浮(Turgut Canserver)是最有影响的建筑师。伊拉克的马吉亚(Mohamed Makiy)、查迪吉(Rifat Chadirji)、莫尼尔(Hisham Munir),伊朗的迪巴(Kamran Diba)、阿达兰(Nadar Ardalan)特别注意中东干热地带不同季节的风向和烈日直射等自然因素对建筑的影响。孟加拉国的伊斯兰姆同样熟练应用传统建造手法适应气候特点。这些发展中国家的经济、文化与技术条件与中国有很多相似之处,对传统气候适应性方法进行现代化改进,并最终用于现代建筑设计实践中,对我国现代建筑的设计具有借鉴意义。

(四)材料与技术的整合思考

欧美国家一直广泛致力于零能耗住宅的建造及研究,其方法的核心是通过被动式设计降低能耗,再加以可再生能源和主动式技术(太阳能光伏电板、风力发电机等)。2006年,英国政府在 *Building a Greener Future: Toward a Zero Carbon Development* 中提出:到2016年,英国所有新建住宅都达到零能耗标准。美国的 Norton 公司通过软件 BEOpt 和 DOE2 优化住宅设计,达到了寒冷地区的零能耗标准,且造价低廉。加拿大建筑师伊克巴尔(Iqbal)在风能充足的纽芬兰利用风能做到零能耗建筑设计。

发达国家常用的主动式技术昂贵,难以推广,但零能耗住宅是未来的发展趋势,其整合各项技术的思路值得借鉴。

相反的是,低技派的建筑材料却很容易被大多数建筑使用,并且常常被很迅速地扩散。发达国家中这种材料亦是如此。美国、加拿大、日本等国都将木材作为常用的建筑材料,北美的草砖也被广泛用作造房的材料。传统材料具有生产中耗能低、施工简单易学、建成后对环境无害等优点,值得在我国推广应用。

二、国内传统民居

1. 对传统民居的研究

我国对传统民居的研究始于民国时期。以“中国营造学社”为代表的第一批建筑师梁思成、刘敦桢、刘致平四处走访,通过单体建筑测绘的方式将民居划为独立的建筑类别。最早的著书为《中国住宅概说》及《中国居住建筑简史》,到现在,针对浙江民居、两湖民居、新疆民居、客家民居、闽南民居、

窑洞民居等的民居研究已硕果累累，基本上涵盖了我国不同地域、不同气候区所有的传统住宅。这些对民居的研究侧重于文化意境、社会学和美学等方面，主要对传统民居的形式、构造、色彩等特点进行深入分类，形成了系统的体系。

2. 对传统村落的研究

从微观层面的民居单体研究，延伸到中观层面的从建筑群体组织系统进行村落研究，及宏观层面的某一区域的民居建筑文化的整体比照研究，是20世纪80年代以来民居研究的重要拓展。

有关传统村落整体布局、空间形态的研究主要从三个层面开展。一是从村落营造中体会“天人合一”的文化渊源，在其中探寻中国古代的易、道、儒、释的学说和思想。这个层面主要是从三种观点讨论村落的空间特性，这三种观点分别是朴素的生态观（顺应自然、和谐人居）、形态观（建筑形态对传统社会的文化、意识和制度的适应）、意愿观（表达生活的意愿和追求）。二是对机理的探讨，主要是从自然地理环境、迁徙文化、宗法礼制和人地关系等角度，探讨村落隐含的秩序或原则（比如生活方式、社会结构等）。三是有关空间形态的研究，多集中于从建筑学角度对空间进行解析和表达研究，可以归纳为空间体系特征、结构、构成要素、模式研究以及空间类型的研究等。陆元鼎从适应广东地区气候的角度，来讨论广东省传统民居的冷巷、天井对气候调节所起的重大作用。华中科技大学自张良皋老先生开始，对湖北民居进行调查研究。民族建筑研究中心李晓峰教授等人，对皖、赣、湖广及川渝部分地区的民居村落开展了较全面系统的调研工作，掌握了大量民间建筑的第一手资料，出版了《两湖民居》《峡江民居——三峡地区传统聚落及民居历史与保护》等著作。

3. 对传统民居气候适应性的研究

20世纪80年代后，重视生态、可持续发展的观念拓宽了我国传统民居研究的思路。西安建筑科技大学绿色建筑研究中心深入并系统地研究了陕北高原窑居建筑的可持续发展。王竹等研究了地域营建体系生成与生长的调控机制，提出了“地域基因”“神经元网络”等概念。华中科技大学绿色建筑研究中心的李保峰、陈宏、余庄等教授对夏热冬冷地区气候适应性及建筑节能相关方面进行了长期并深入的研究，获得很可观的成果。张乾的博士论文《聚落空间特征与气候适应性的关联研究》主要是以鄂东南地区为例，指出了村落的组织形式是影响地区气候适应性的最主要因素，而与民居采用的材料无关。

4. 将材料与技术整合考虑的乡村住宅

目前对乡村绿色住宅的研究不多，但对其进行重点研究是大势所趋。基于我国的气候环境特征，在进行乡村绿色住宅改造时，不能直接引用国外成果，而需要利用本土的、地域的、原创的、低价的、持久的策略。

2009 年，在农村危房改造试点工作会上，住房和城乡建设部副部长仇保兴提出：农房建筑节能的示范工作必须严格执行并广泛扩展。他也非常支持使用草砖、草板等当地的材料，这既符合国家政策，又能发挥乡土材料的价值。

在研究方面，谢英俊长期致力于村民自建研究；林宪德提出了湿热地区的绿色设计策略；西安建筑科技大学刘加平带领团队，进行新型窑居建筑的设计、工程试验和科学评价；王翠霞等将草砖与其他节能技术结合，为河南北部乡村住宅建设提供切实可行的解决方案。

第二章　鄂东北民居概况

第一节　鄂东北区位与气候、地理特征

一、鄂东北区位

鄂东北地区位于湖北省东北部，按照行政区域划分，包括黄冈市和孝感市。为更加准确地描述鄂东北的民居特征，选用《两湖民居》中的区域概念，将武汉市的黄陂区、武汉市的新洲区，并入本书研究范围。像这样，鄂东北区域就变成了一个相对独立的地块，变成了一个地理单位。这个地理单位的西边是大洪山，北边是桐柏山和大别山，整个地块处于长江中游的北岸。

二、鄂东北气候状况

《民用建筑热工设计规范》(GB 50176—2016)从建筑热工设计角度，对全国各地的气候区域进行分区，共分为五个区，分别是严寒地区、寒冷地区、夏热冬冷地区、夏热冬暖地区和温和地区。

本书主要研究地块属于夏热冬冷地区，基于这里的气候条件，相应的设计必须满足夏季防热要求，冬季保温只需兼顾即可(表 2-1)。

表 2-1 建筑热工设计一级区划指标及设计原则

一级区划名称	区划指标		设计原则
	主要指标	辅助指标	
严寒地区(1)	$t_{min \cdot m} \leqslant -10$ ℃	$145 \leqslant d_{\leqslant 5}$	必须充分满足冬季保温要求,一般可以不考虑夏季防热
寒冷地区(2)	-10 ℃ $< t_{min \cdot m} \leqslant 0$ ℃	$90 \leqslant d_{\leqslant 5} < 145$	应满足冬季保温要求,部分地区兼顾夏季防热
夏热冬冷地区(3)	0 ℃ $< t_{min \cdot m} \leqslant 10$ ℃ 25 ℃ $< t_{max \cdot m} \leqslant 30$ ℃	$0 \leqslant d_{\leqslant 5} < 90$ $40 \leqslant d_{\geqslant 25} < 110$	必须满足夏季防热要求,适当兼顾冬季保温
夏热冬暖地区(4)	10 ℃ $< t_{min \cdot m}$ 25 ℃ $< t_{max \cdot m} \leqslant 29$ ℃	$100 \leqslant d_{\geqslant 25} < 200$	必须充分满足夏季防热要求,一般可不考虑冬季保温
温和地区(5)	0 ℃ $< t_{min \cdot m} \leqslant 13$ ℃ 18 ℃ $< t_{max \cdot m} \leqslant 25$ ℃	$0 \leqslant d_{\leqslant 5} < 90$	部分地区应考虑冬季保温,一般可不考虑夏季防热

(资料来源:《民用建筑热工设计规范》(GB 50176—2016))

(一) 温度及湿度

如表 2-2 所示,鄂东北地区的气候特点:夏季闷热,冬季寒冷,全年的温差较大。年平均气温一般为 14.7～21.4 ℃。7 月份是一年中温度最高的时候,平均高温在 33.3 ℃以上。该地区的极端最高温度为 38～40 ℃,一年中高温在 35 ℃以上的时间有一个月之久。

在冬季,鄂东北地区平均温度为 2～4 ℃,1 月是一年中气温最低的时

候，最低温度为－14 ℃。在鄂东北地区，年平均相对湿度大部分处于70%～85%。这一地块的湿度高，夏季闷热潮湿，冬季寒冷，春季和初夏在全年中湿度尤其高（图 2-1）。

表 2-2 鄂东北地区全年各月各时刻平均气温 ℃

时刻＼月份	1	2	3	4	5	6	7	8	9	10	11	12
2:00	3.4	6.0	10.2	14.4	19.1	24.1	27.2	24.8	21.7	15.9	9.0	3.6
8:00	2.2	5.0	9.6	14.4	19.6	24.7	28.0	25.4	21.7	15.4	8.0	2.8
14:00	9.7	12.0	17.1	20.2	25.8	29.9	33.3	31.2	29.6	23.2	17.4	7.7
20:00	5.9	8.8	13.9	17.8	22.9	27.5	30.3	27.6	25.3	19.0	12.1	4.9
平均	5.3	8.0	12.7	16.7	21.9	26.6	29.7	27.3	24.6	18.4	11.6	4.8

（资料来源：笔者根据湖北省气候志资料绘制）

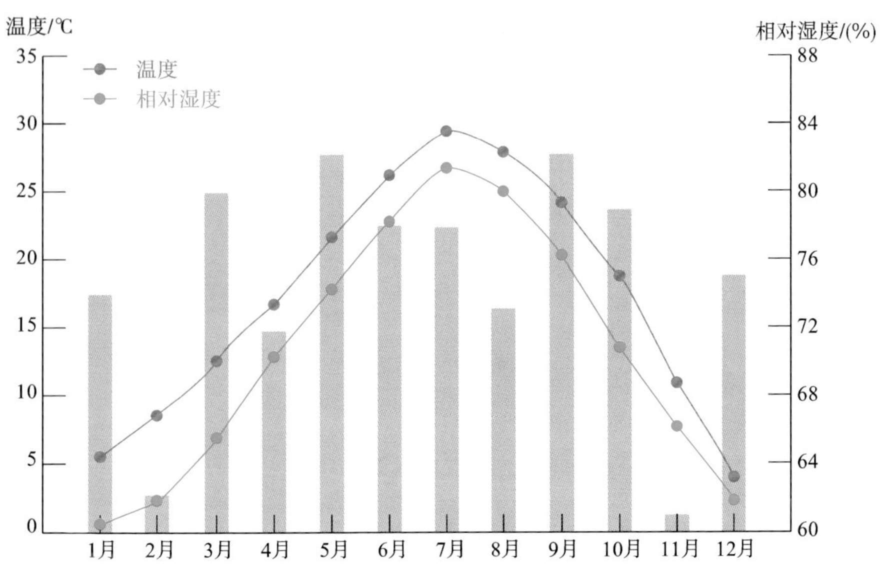

图 2-1 鄂东北地区全年各月平均气温及相对湿度

（图片来源：笔者自绘）

（二）太阳辐射

湖北地区大部分的地块拥有充足的日照。湖北处于我国Ⅳ类光气候区，该地区能够很好地利用太阳能，接受日照的范围非常广，然而随着地势往西南方向偏移，日照变弱。所以本书研究的地块属于湖北省日照最为充足的区块，年日照时长达 2000～2150 h。

（三）风向

鄂东北地区冬季多为偏北风，夏季多为偏南风（图 2-2）。春秋季节风向多变，但以偏北风为主要风向。9 月到来年 4 月偏北风较多，5 月到 8 月偏南风多。湖北大部分地区年平均风速在 1～5 m/s。

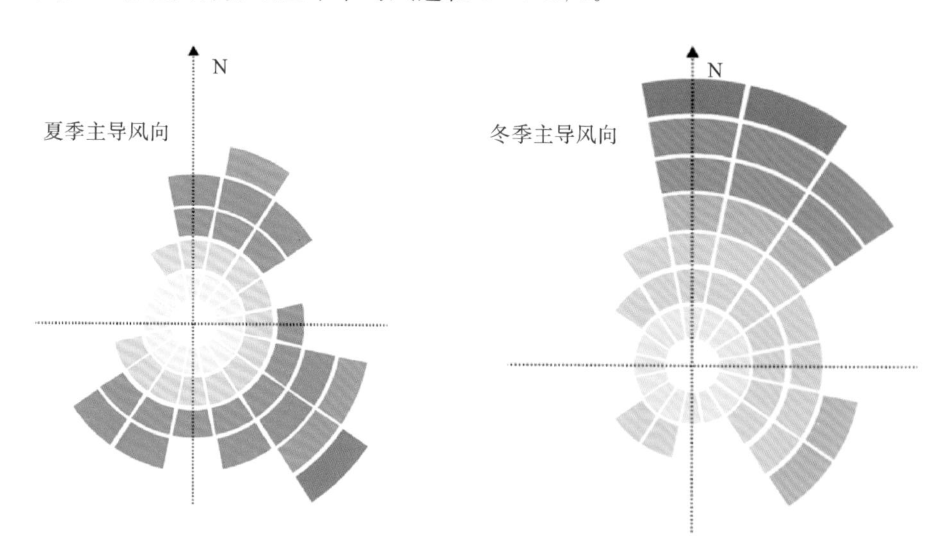

图 2-2　鄂东北地区冬、夏季主导风向

（图片来源：笔者自绘）

（四）降雨量

湖北省年平均降雨量为 800～1600 mm，鄂东北局部地区较其他地区多。12 月、1 月降雨量为全年最少，6 月、7 月降雨量最多，可达 100～

200 mm。1 月后每个月降雨量都有增长，直到 7 月以后，降雨渐趋减少。

三、鄂东北地理环境

（一）黄冈市

黄冈市的东北部和大别山相交，大别山山脉中的多座山峰海拔都在 1000 m 以上；中部是一片宽广的丘陵区；南部是平原湖区，水系较为复杂，包括来自大别山的举水河、巴河、倒水河、华阳河、浠水河和蕲水河等。

（二）孝感市

孝感市北高南低。孝感市 10％的区域为低山、30％的区域为平原、60％的区域为丘陵。孝感市南部是一片平原湖区，河湖交错，主要河流有汉水、澴水、大富水等。

（三）黄陂区

黄陂区北边与大别山相交，南边与长江相交，北边高，南边低。黄陂区地势呈四个阶梯：西北低山、中部岗阜状平原、东北丘陵区和南部滨湖平原区。水系为滠水、界河及北湖三大水系和由 5 个主要湖泊构成的自然水系。

（四）新洲区

新洲区的地势呈总体倾斜的趋势，山体和河流顺着一个方向条形分布。水系主要有长江、武湖、涨渡湖、举水河、倒水河、沙河，山岗主要有楼寨岗、叶顾岗、长岭岗、仓阳岗等。山岗大多和大别山余脉相连。

第二节　村落调研

一、调研村落选取

2012年,国家自然科学基金面上项目(51178198)“设计与技术整合的夏热冬冷地区农村住宅低碳策略研究”启动。从2012年开始,笔者团队开始对鄂东北地区的传统村落进行系统研究。首先利用卫星图像分析的方法选取调研村落。从谷歌地球(Google Earth)中截取了鄂东北村落的卫星图像。后又经过GIS等图像分析软件,给予以下重要选取参数:3栋以上天井建筑形成的建筑群或者不足3栋但有单一建筑面积大于400 m^2。如此筛选出的村落有两百多个,继而利用网络查询和政府服务机构电话咨询,选出了四十多个有潜在研究价值的村落进行实地调查。

确定有研究价值的村落包括黄陂区的大余湾、泥人王村、罗家岗村、赵畈村(赵家畈、谢家院子)、张家湾、大胡楼、翁杨冲、南冲塆、文兹湾、雨台村、付下湾、童家湾等村湾(图2-3);新洲区凤凰镇的陈田村、仓埠街道、孔子河村、问津书院、大雾山村、石骨山村等。

笔者参与测绘与测量的鄂东北传统村落及测量时间:

黄陂区罗家岗村——2013年7月;

黄陂区翁杨冲——2013年7月;

黄陂区张家湾——2014年7月;

黄陂区大胡楼——2014年7月;

黄陂区谢家院子——2014年7月;

黄陂区赵家畈——2014年7月;

黄陂区文兹湾——2014年7月;

黄陂区南冲塆——2014年7月;

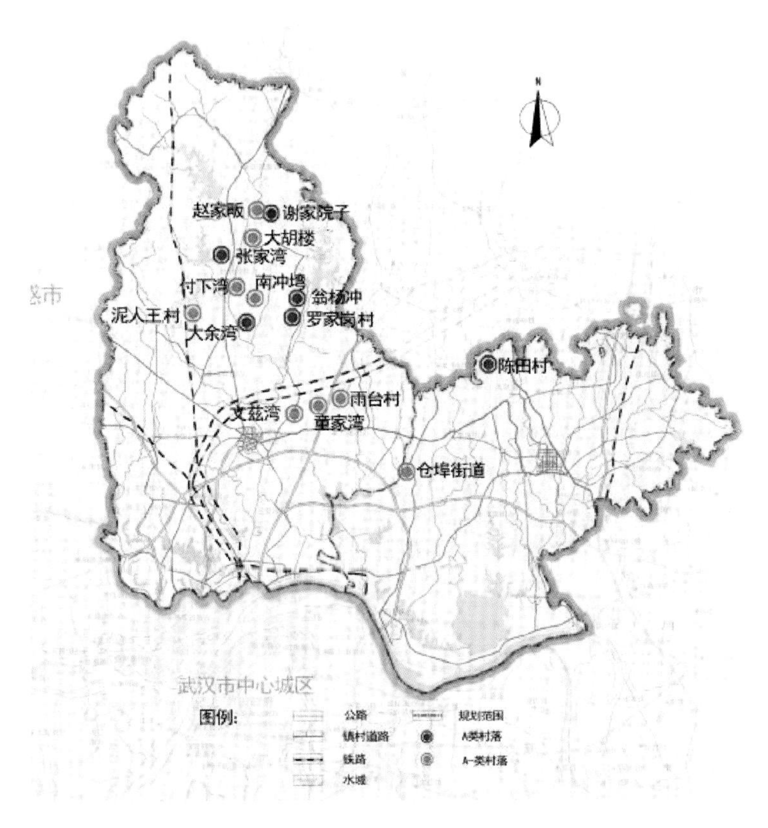

图 2-3　笔者参与测绘、实践的村落分布示意图

(图片来源:笔者自绘)

黄陂区雨台村——2014 年 7 月;

黄陂区张都桥村——2014 年 7 月;

黄陂区童家湾——2014 年 7 月。

笔者参与规划保护的鄂东北传统村落及调研时间:

黄陂区王家河村——2012 年 6 月;

黄陂区罗家岗村——2013 年 7 月;

黄陂区翁杨冲　2013 年 7 月;

黄陂区泥人王村——2014 年 3 月。

二、鄂东北地区村落调研信息

鄂东北地区石材资源丰富，取材方便，价格低廉。鄂东北传统民居大量采用石砌外墙，并运用当地特有的“木兰石砌”建造工艺砌筑而成，呈现明显的地域特征。笔者在黄陂区的村落调研中，发现大余湾、泥人王村、罗家岗村以及翁杨冲均为极具鄂东北特色的典型村落，张家湾、大胡楼、谢家院子和赵家畈都有一到两个极具规模的大型建筑，文兹湾、南冲塆、雨台村、童家湾都有一定数量的石砌建筑，张都桥村的付下湾有现存所知的唯一一栋干砌建筑。新洲区的调研对象主要是凤凰镇的陈田村、仓埠街道、孔子河村、问津书院、大雾山村等。这些传统村落大多建设于明清时期，规模较大且保留有完整的古建筑群，保存了相当完整及真实的历史遗存，承载了大量的历史文化信息，见证了从明清时期至今鄂东北地区的特色生活方式、文化及其演变过程。在木兰山一带发现的数十座干砌寨堡，极具研究价值。寨堡是特殊形态的聚落，是动乱时居住形式的另一种衍化。

笔者长期致力于对鄂东北民居的观察、访谈、测绘、测量和设计实践。第一次亲身体验传统民居和村落魅力时便为之深深叹服，对其独特的气候适应性也留下了深刻的印象。调研的村落中，除历史文化名村（如文兹湾、张家湾、翁杨冲）得到有效保护以外，其余大量传统村落仍然处于“散落乡间无人识”的自生自灭状态，城镇化、现代化的冲击正让这些村落处于生死存亡的边缘。笔者亲眼所见大量传统村落的破败、传统技艺的丢失，感到非常遗憾，所以希望本书能为村落的保护和发展提供一定的帮助。

三、调研内容、发现

（一）村落调研内容

（1）历史背景调查、现状分析：包括村落历史沿革、历史遗存构成、文物

古迹分布;区位分析、自然环境要素、土地利用现状、非物质文化遗产等调研。

(2) 传统民居、当代农宅研究:包括村落总平面图测绘;典型建筑平、立、剖面图的测绘;建筑风貌总结;物理环境测量;对材料选择、构造做法、民间节能策略的考察;传统工匠营造方法访谈等。

(3) 建筑背景研究:当地居民经济状况、居住习惯;村落居住现状、基础设施。在此基础上还进行了详细的访谈,了解家庭的具体现状(比如家庭有几口人、家庭的经济实力、已有建筑已经使用了多少年、建筑造价等),如何利用自然资源(用一些什么家电、一年大概用多少电、一般冬季如何取暖、夏季如何祛暑等),循环利用资源的状况(沼气池、太阳能热水器使用的普遍性和具体利用方法)等信息。

(二) 村落调研发现

鄂东北农宅的发展演变与时代背景、家庭人口数量、经济条件等有关。同一时间段,民居空间组织方式、建筑结构形式、构造技术、建筑材料具有一定的相似性。传统民居空间形态与现代建筑完全不同。传统村落的特征为内向型,密度比较高,建筑与建筑之间非常紧密地联系起来。

同样是在夏季,传统建筑的热舒适性远远大于新建的平房。“六尺凉巷”中凉风习习,让人惊讶。调研中我们发现,传统天井式住宅具有更好的夏季气候适应性。

第三节　不同时期的典型农宅

一、鄂东北典型传统民居分析

1990 年以前的鄂东北典型传统天井式民居(住宅)分析如表 2-3 所示。

表 2-3　1990 年以前的鄂东北典型传统天井式民居分析

建筑年代:1990 年以前

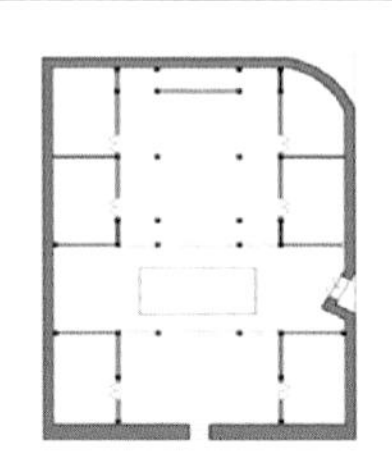

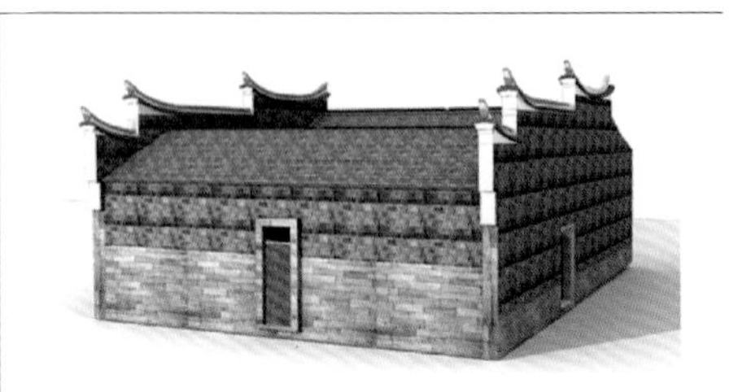

历史成因

鄂东北传统村落大多建于明清时期,居民由江西躲避战祸而来。由于防御性的需要和内向型的心理及当地气候、血缘等原因,天井式住宅为我国南方民居的常见形式,宅院为内聚性的空间形态

平面布局

民居按照是否带有天井,分为一般单体建筑和天井式合院(天井院)建筑。在鄂东北传统民居中,建筑间采用的组织方式是围合式,围着天井的院落组成了当地最基本的居住单元。在这个居住单元里,一般都有槽门、天井、面向天井的厅堂、厅堂两边的房间(耳房)、天井两边的厢房,还有联系这些房舍的廊道等。由于建筑用地有限等原因,传统民居多不能随心所欲地铺开建造。平面轮廓多为不规整型,院落形制上也呈半围合或三面围合。因经常受到流寇的侵扰,富贵人家的建筑组团布局出现了极强的防御性。在围合式天井院的基础上,规模较大的宅地由多组天井院横向或纵向连接,构成颇具气势与规模的灵活式天井院——"大屋",例如谢家院子、大胡楼印子屋。每一个天井院对巷道开门而不对公共街巷开门,这种组团关系对于村落研究极具价值(详见附录 C)。

鄂东北传统民居因地制宜,道法自然,随形就势,设计出一个个活的空间,王镇华称之为合院的弹性

建筑面积	建筑层数	建筑层高	有无院落
平均 300 m^2	1～2	3.8 m	天井院
建筑结构		建筑材料	
抬梁、穿斗结构,山墙承重,双坡屋顶		木质梁架、青砖或土坯砖、小灰瓦	

续表

热工性能
外墙面大部分被其他建筑遮挡，很少受到太阳直射，墙体温度比较低。巷道凉风习习，有明显的吹风感。庭院大部分处于阴影中，十分阴凉。天井没有明显的吹风感，但温度较室内更低。卧室中不会有直接的穿堂风。热工性能与新建农宅相比优势显著
建筑采光
除堂屋之外，其余房间均处于黑暗之中，只对天井有开窗，照度明显不能满足当代照度要求
门窗构造
门窗材料都是木材，兼有遮阳和通风两种作用。木门窗由于材料原因，本身拥有良好的密封性能，但是易老化变形。经过多年的使用，木门窗的空气渗透便会更加严重
村落空间
建筑紧密相接，密集建造，互相之间形成狭窄的街巷系统

（图片来源：项目组绘制）

二、鄂东北典型当代农宅分析

20 世纪 80 年代的鄂东北典型农宅分析如表 2-4 所示。

表 2-4　20 世纪 80 年代的鄂东北典型农宅分析

建筑年代：20 世纪 80 年代	
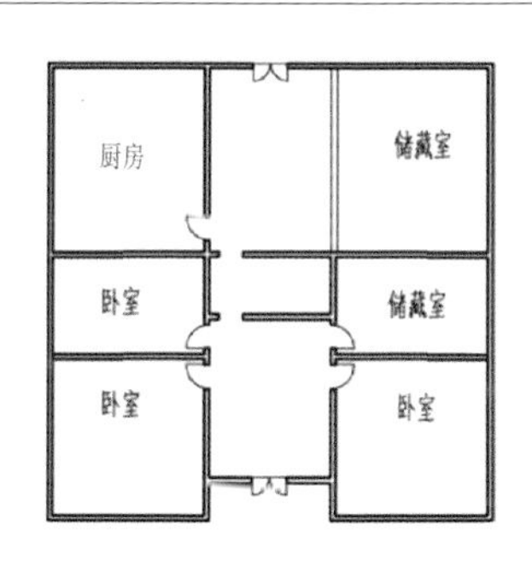	

续表

<table>
<tr><td colspan="4">历史成因</td></tr>
<tr><td colspan="4">随着 20 世纪 80 年代集体所有制逐渐结束，承包到户的生产方式陆续被采用，农民逐步富裕，农民新建农宅也逐渐增多。由于受当时社会现状和农村经济所限，新建居住建筑依旧选取典型的传统格局</td></tr>
<tr><td colspan="4">平面布局</td></tr>
<tr><td colspan="4">平面轮廓多为完整矩形，三开间，以厅堂为中心，对称布置两侧房间。设有前院、后院或前后兼有。厨房位于北端中间或院内</td></tr>
<tr><td>建筑面积</td><td>建筑层数</td><td>建筑层高</td><td>有无院落</td></tr>
<tr><td>100 m^2</td><td>1</td><td>3 m</td><td>前院＋后院</td></tr>
<tr><td colspan="2">建筑结构</td><td colspan="2">建筑材料</td></tr>
<tr><td colspan="2">砖木结构，山墙承重，双坡屋顶</td><td colspan="2">木质梁架、黏土砖或土坯砖、小灰瓦</td></tr>
<tr><td colspan="4">热工性能</td></tr>
<tr><td colspan="4">保温隔热性能较好：①黏土砖或土坯砖为外墙的主要材料，传热系数较小；②开窗面积通常较小，室内受太阳辐射的影响小；③许多农宅都在房间内做了吊顶，屋面与吊顶间形成了一个隔热间层
农宅采用的瓦屋面不是致密材料，会发生空气渗透，所以在冬季时，室内透风现象非常严重。虽然鄂东北居民在冬季都会持续燃烧炭炉取暖，但是室内温度也通常达不到较舒适的水平，当地人用“漏风撒气”来形容这种房子
没有形成穿堂风，通风状况较差。地面没有做防潮处理，室内潮湿</td></tr>
<tr><td colspan="4">建筑采光</td></tr>
<tr><td colspan="4">建筑开窗面积比较小，人在进入室内后的视觉体验不好，视线受影响。经过调查，笔者发现，在门处于关闭状态时，厅堂几乎是黑暗的。基于这种情况，在冬季和夏季的极端气候条件下，厅堂的门需要打开来获得自然采光，室内外空气也会因此而频繁发生对流换热，从而造成室内热环境的进一步恶化，采用人工照明也造成了资源浪费</td></tr>
<tr><td colspan="4">门窗构造</td></tr>
<tr><td colspan="4">门窗一般由木材制作，木门窗具有密封良好的优点，但其材料易老化变形，因此经过多年的使用后空气渗透会变严重</td></tr>
</table>

（图片来源：项目组绘制及拍摄）

20 世纪 90 年代的鄂东北典型农宅分析如表 2-5 所示。

表 2-5　20 世纪 90 年代的鄂东北典型农宅分析

<table>
<tr><td colspan="4">建筑年代:20 世纪 90 年代</td></tr>
<tr><td colspan="2">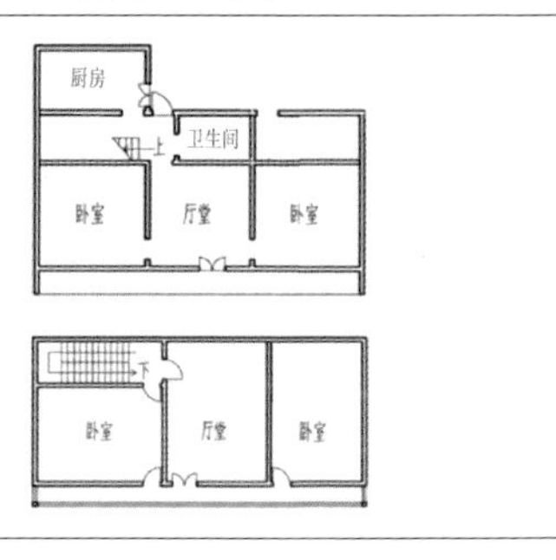
</td><td colspan="2"></td></tr>
<tr><td colspan="4">历史成因</td></tr>
<tr><td colspan="4">自 20 世纪 90 年代以来,我国农村经济发展较快。在这个基础上,农民开始增建或重建住宅,所以这些住宅基本都是该时期的典型户型,多半是改造而来的</td></tr>
<tr><td colspan="4">平面布局</td></tr>
<tr><td colspan="4">农宅通常为三开间,平面轮廓呈完整矩形,南侧为建筑主体,北侧设置厨房、卫生间以及院落,以厅堂为中心,两侧对称分布房间,同 20 世纪 80 年代典型农宅的区别在于层数的增加,二层、三层主要设置次卧和小厅堂。厨房相对独立。院落以后院居多</td></tr>
<tr><td>建筑面积</td><td>建筑层数</td><td>建筑高度</td><td>有无院落</td></tr>
<tr><td>200 m^2</td><td>2～3</td><td>7～9 m</td><td>后院</td></tr>
<tr><td colspan="2">建筑结构</td><td colspan="2">建筑材料</td></tr>
<tr><td colspan="2">平面顶或平坡结合</td><td colspan="2">浅色饰面砖</td></tr>
<tr><td colspan="4">热工性能</td></tr>
<tr><td colspan="4">建筑室内舒适性不理想:①所调查建筑均无保温隔热层,外围护结构的热工性能普遍不理想;②一些新建住宅的楼层都比正常住宅要高,房间的面积也比较大,冬季为了取暖而燃烧火炉,虽然这种方法可以对小面积的空间产生提高温度的效果,但是因为层高高和面积大,加之室内密封性和保温性差,室内温度并没有很大提升,这样造成了大量的能源浪费;③屋顶多为预制钢筋混凝土屋面板,并没有采取保温隔热措施,顶层冬季十分阴冷,夏季炎热难耐;④窗户较大,没有遮阳措施和保温措施</td></tr>
</table>

续表

建筑采光
窗户较大，室内自然通风采光条件好
门窗构造
门窗技术改良后，塑钢及铝合金门窗大量出现，密闭性好于年久的木门窗

（图片来源：项目组绘制及拍摄）

21 世纪初期的鄂东北典型农宅分析如表 2-6 所示。

表 2-6　21 世纪初期的鄂东北典型农宅分析

<table>
<tr><td colspan="4">建筑年代：21 世纪初期</td></tr>
<tr><td colspan="2">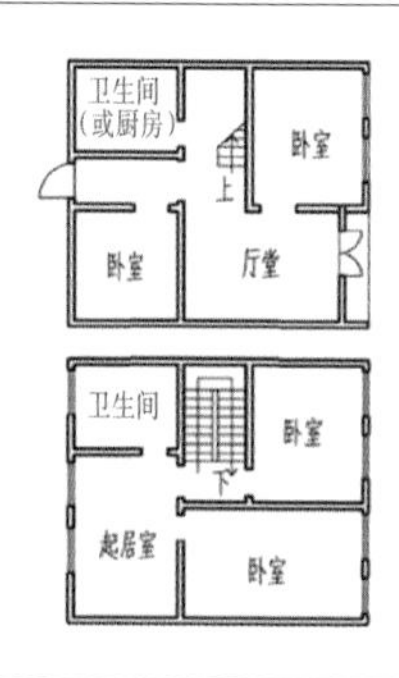
</td><td colspan="2"></td></tr>
<tr><td colspan="4">历史成因</td></tr>
<tr><td colspan="4">在农村经济的发展过程中，越来越多的农民希望将自己的住宅沿路边建造。按照已实施的城乡规划，沿路的住宅面宽不能超过 8 m</td></tr>
<tr><td colspan="4">平面布局</td></tr>
<tr><td colspan="4">20 世纪 90 年代的典型住宅已经不能满足需求，为了能够适应较小的面宽要求，建筑从原来的三开间变为两开间，平面布局有一定变化，面宽变小而进深增大，平面比例更加细长。空间布置在厅的旁侧，厅后也布置有一间房</td></tr>
<tr><td>建筑面积</td><td>建筑层数</td><td>建筑高度</td><td>有无院落</td></tr>
<tr><td>300 m^2</td><td>2～3</td><td>7～9 m</td><td>变小</td></tr>
<tr><td colspan="2">建筑结构</td><td colspan="2">建筑材料</td></tr>
<tr><td colspan="2">平屋顶或平坡结合</td><td colspan="2">浅色饰面砖</td></tr>
</table>

续表

热工性能
建筑室内舒适性不理想：①所调查建筑均无保温隔热层，外围护结构的热工性能普遍较不理想；②多数建筑为南北向，但当农宅临南北走向的街道时，为将一层作为商铺，面宽朝向道路，建筑朝向便成为东西向，给室内热舒适性带来非常不利的影响；③安装空调为新趋势，新建住宅通常层高较高，房间面积较大，空调的使用使室内温度有所改变，但室内密封性和保温性能不好，以及较高的层高，导致大量能源的浪费；④屋顶多为预制钢筋混凝土层面板，并没有采取保温隔热措施，顶层冬季十分阴冷，夏季炎热难耐；⑤窗户较大，没有使用双层玻璃或者镀膜玻璃
建筑采光
建筑使用了大面积的玻璃窗，室内的视线更好
门窗构造
门窗技术改良后，塑钢或铝合金门窗大量出现，其密封性远远好于年久的木门窗，塑钢及铝合金门窗被大量运用到建筑中

第四节　传统村落气候适应性分析——层层包裹的气候组织

单体民居并非直接暴露于自然环境，而是存在于村落环境之中。如图2-4、图2-5所示，村落环境可分为以下层次：①室内热环境；②建筑外围护结构；③天井热环境；④街巷热环境；⑤风水塘、风水林小气候；⑥山体、农田中气候；⑦大气候。

室内热环境是建筑围护结构（包括屋顶、阁楼）及作用于建筑围护界面的半室外环境（天井）、室外环境（街巷、相邻建筑、地面）综合起作用，最终达到适应气候的结果。因此对于民居的气候适应性研究应不仅从建筑单体的角度考虑室内、半室外热环境，还应包含村落的室外热环境和村落的微气

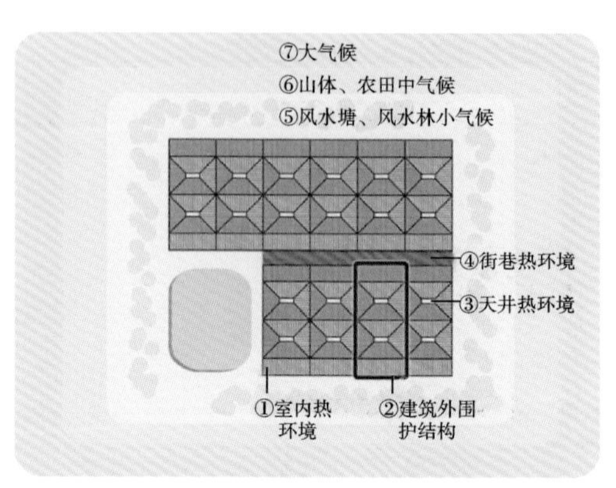

图 2-4　层层包裹的气候层次及其平面示意

（图片来源：笔者自绘）

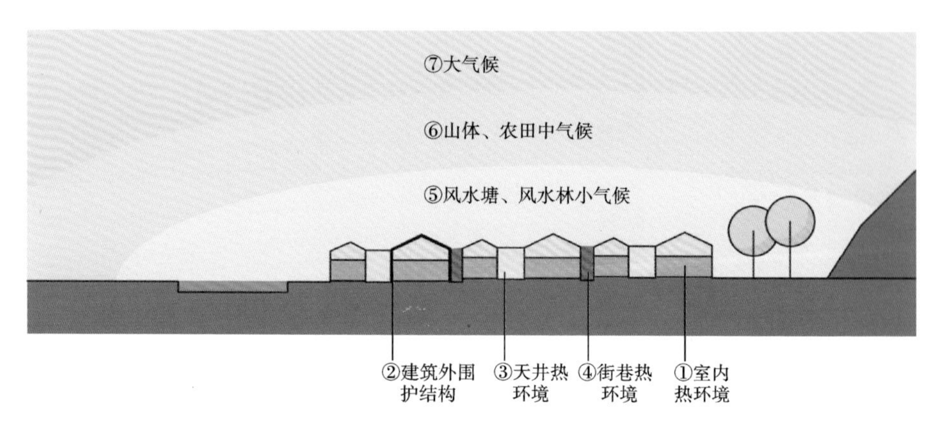

图 2-5　层层包裹的气候层次及其剖面示意

（图片来源：笔者自绘）

候。良好的室外环境将为建筑的室内环境营造提供良好的基础，降低从建筑层面调节环境的压力。现代研究普遍认为传统乡土建筑的气候适应方法可总结为以下几个方面：①材料与构造；②村落与乡土建筑的空间形态；③村落选址。笔者将这三方面与各热环境进行营建层面的归属、分类，继而从鄂东北民居的外围护结构材料、构造开始，讨论其单体建筑的气候适宜性，并进一步讨论村落的气候策略。

本章首先分析并总结了鄂东北地区夏热冬冷的气候特征。该地区湿度很大，冬季湿冷、夏季闷热，日照非常充足，冬季北风盛行，夏季则南风盛行。其次，以对鄂东北地区的大量调研为基础，用定性分析的方法，总结了鄂东北传统民居及各时期当代农宅的特点，了解各时期农宅构造、材料、能源方面的改变。最后，对村落气候进行了分层，指出良好的室内热舒适性的形成与其他层次的热环境息息相关，提出将从热环境层次探讨鄂东北村落在材料与构造、村落与乡土建筑的空间形态、村落选址上体现的气候适应性。

第三章　材料与构造中的气候经验

材料、构造做法及热工性能是影响建筑气候适应性的重要因素。本章抛开从美学角度进行立面研究的划分方式，从热工性能角度分析围护结构的组成，将传统单体民居的围护结构划分为以下四部分（图 3-1）。

（1）利于热交换的轻型瓦屋面。

（2）以木材为主的内部结构和构造体系。

（3）以石、砖、土为主构成的热惰性极好的外围结构。

（4）贴近土地的地面，通常为石质基层上铺三合土，内设排水系统。

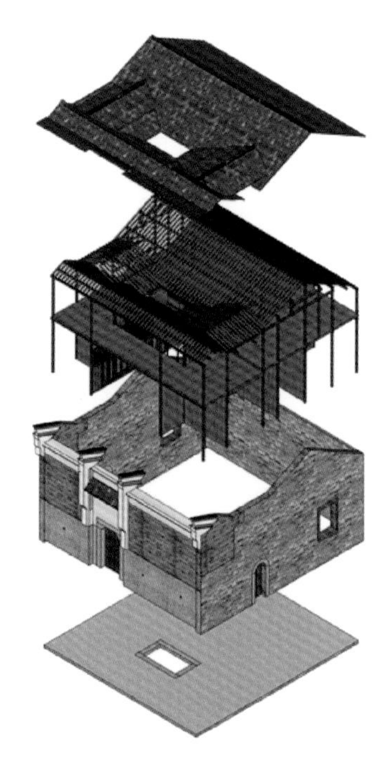

图 3-1　鄂东北单体民居的围护结构划分

（图片来源：笔者自绘）

应用 ArchiCAD 进行建模，获得其围护结构的热工参数，并与当代自建农宅进行对比。

第一节 以石、砖、土为主构成的热惰性极好的外围结构

鄂东北传统民居外墙的常用材料为石材、青砖、土，但不能简单地分为石墙、砖墙、土墙，因其一般都采用组合式的砌筑方法。这些建筑材料自身已具有良好的热惰性，组合后更加有利于每种材料优势的发挥。砖、石耐水，通常置于基础和外表面。

一、土坯墙＋石墙基

土坯墙与石墙基的组合构造如图 3-2 所示。

土作为最原始的建筑材料，兼有取材方便、易于加工的施工优点及成本低廉、可重复利用的经济优势，其保温隔热性能良好，适合冬季保温。鄂东北的土地资源较为丰富，且土壤具有含沙较少、黏结性好的优点，故在鄂东北传统住宅中得到广泛应用。

调研中发现，土作为主要的墙体材料一般出现在贫困人家，多为土坯墙。做法是将生土与水充分拌和，为增加抗拉性、黏结性，加入秸秆、草料等，做成土坯砖，再砌筑而成。但土最怕遇水，因此土坯墙下部通常会砌筑一定高度的石墙（多用卵石、未精细加工的料石），屋顶会前后檐出挑，山墙也通常出挑用来遮蔽风雨。

二、木兰干砌与木兰湿砌——毛石外墙＋泥土填充

鄂东北地区倚靠大别山脉，石材丰富，片麻岩与花岗岩是其中最丰富的

图 3-2　土坯墙+石墙基

（图片来源：项目组拍摄）

石料资源，广泛分布于黄陂、孝感、大悟、红安等地。片麻岩储量大，易于开采，是当地最常用的石材，建造的石块建筑历经百年都不会倒塌或出现任何裂痕。

石材通常通过爆破附近的山体取得。直接获得的石材虽大小不一，但并无废材，再小的碎石都可以填补墙体，各尽其用。石材多被用于地基、墙角、墙基等。通体墙壁使用石材作为主要建筑材料的建筑，被称为木兰石砌，为鄂东北地区的特色。按是否使用黏结材料，木兰石砌分为"干砌"和"湿砌"两种方式。

（一）木兰干砌

"木兰干砌"的说法由来已久，是木兰山一带特有的建造方式，"木兰湿砌"与之相对。简言之，木兰干砌就是采用片麻岩，自下而上、由大及小（大石铺筑、小石填缝）地层层叠加，石块砌体缝隙之处不用砂浆等黏合材料，充

分利用石块的形体堆叠拼合得严丝合缝，靠石块与石块之间的嵌挤力来承压(图 3-3)。

图 3-3 木兰干砌

(图片来源：项目组拍摄)

现在的木兰干砌通常被用于农宅的附属建筑，如挡土墙、农畜圈舍、堆放干柴的仓房、厕所等。墙体多半低矮，没有或仅有轻质屋板置顶。

(二) 木兰湿砌

鄂东北现存的石头建筑多为木兰湿砌。所选用的石材都是没有经过太多加工过程的毛石块，分为有规则的层砌和不规则的乱砌两种。

有规则的层砌与木兰干砌做法相同，将大石块层层叠加，用小石块进行填充，但其石材未经仔细加工，砌筑时并没有干砌时精细。随着砂浆技术日趋完善，石块中间采用砂浆灌隙(图 3-4)。

乱砌是一种不成层的砌筑方式，一般都是用天然石块堆积而成，砌块之

图 3-4　木兰湿砌——层砌

（图片来源：项目组拍摄）

间的组合不能形成层，也不规整，用少量黏土、砂浆或小碎石子来填充石块之间的缝隙(图 3-5)。

木兰湿砌工艺粗糙，并不能保证室内良好的气密性，室内常用泥土抹浆。鄂东北一年四季雨水偏多，由于石块沉重、耐水，故石质房屋坚实稳固、耐久性好，可以经受风吹雨打。

三、"线石封青"——料石墙基＋青砖封面＋碎料填充

爆破取材得到的石材大小不一，形状各异，被称为"毛石"，经过仔细凿平得到的方方正正的条石叫作"料石"。在方整的料石石面上凿出细致入微的斜向线条，酷似滴水的感觉，称为"滴水线石"(图 3-6)。

图 3-5 木兰湿砌——乱砌

（图片来源：项目组拍摄）

图 3-6 滴水线石

（图片来源：项目组拍摄）

青砖用低含沙量的黏土烧结而成，比土砖更抗压，更不容易被水侵蚀，可以用得更长久。相比于土、石、木等原始材料，砖取材精细，制作过程复杂，耗时耗工，因此砖的成本相对较高。所以比较富裕的人家才可以四面全用砖，而一般人家只在正面用砖，其余三面用土，或者四面全用土砌筑。鄂东北采用的青砖，其烧制材料与红砖相同，颜色因烧制时失水程度不同而异，质感和颜色都极为融入鄂东北的自然景观。

鄂东北地区独特的墙体砌筑方法是“线石封青”（图 3-7）。

图 3-7　张家湾民居：线石封青

（图片来源：项目组拍摄）

1. 线石墙基

有钱的大户人家一般采用料石砌体，用于墙体的下碱等部位高 1.5～2 m的位置。砌筑料石砌体时，每块石头都与上下左右有叠靠、与前后有搭接。

2. 青砖空斗墙

自下碱向上至檐口处采用青砖砌成的空斗墙，内部填土和碎砖石，又称灌斗墙(图 3-8)。如图 3-9 所示的为黄陂区张家湾 15 号民居外立面测绘图。

图 3-8　砖砌空斗墙内填土

(图片来源:项目组拍摄)

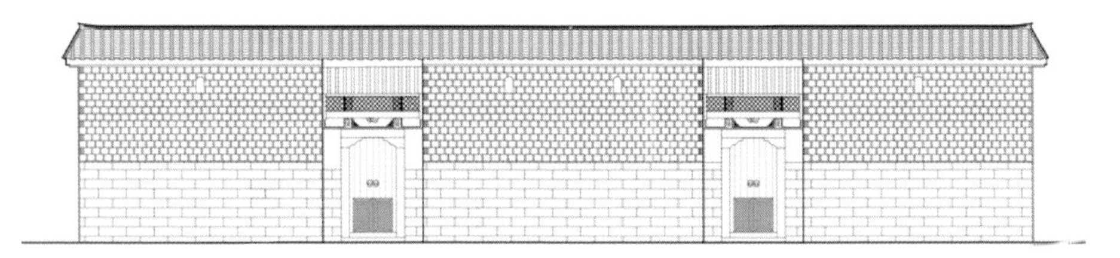

图 3-9　张家湾 15 号民居外立面测绘图

(图片来源:笔者自绘)

鄂东北常用青砖的尺寸为 20 cm×12 cm×2 cm。在墙体建造中，卧砌砖称为"眠砖"，立砌砖称为"斗砖"，卧砌时，丁面向外称为丁砌，侧面向外称为顺砌，层层之间错缝砌筑。鄂东北墙面砌筑方式讲究，多为“合欢式”和“一眠一斗式”。

丁砖并没有贯穿墙体，前后丁砖相互错开，分别抵在相对应的斗砖上，这样有效避免了热桥。竖向的设计上遵从了一眠一斗的原则：砖与砖之间相间砌筑。至于横向上则是一块斗砖和一块丁砖相间而砌，眠砖就是采用卧砌方法砌筑的砖。这样就加强了空斗墙前后斗砖之间的联系，从而使墙体更加稳固。之后在砖墙形成的腔体内填入碎砖或泥土。

鄂东北的墙面砌法，从下至上材料的使用与做法在适应当地气候的同时，使外观有序且富有变化。

四、外墙的传统、现状体系对比

外墙的传统、现状体系对比如表 3-1 所示。当代农宅外墙材料单一，而传统民居中线石封青的做法虽然复杂，但热工性能佳。

表 3-1　外墙的传统、现状体系对比

项　　目	传统民居			当代农宅
构造做法	400 mm 土坯	30 mm 青砖＋340 mm 黏土＋30 mm 青砖	400 mm 片麻岩	20 mm 水泥砂浆＋240 mm 实心黏土砖＋20 mm 水泥砂浆
构造图解				
厚材料	土	土	石	水泥、土
最小砌块	土坯砖	青砖	毛石	实心黏土砖

续表

项　　目	传统民居			当代农宅
技术难度	易	易	易	易
成本	低	略高	低	低
传热系数 /[W/(m^2·K)]	1.87	1.21	3.67	1.73
热阻 /[(m^2·K)/W]	0.53	0.83	0.27	0.58
节能效果	一般	好	较差	一般

(资料来源:笔者整理,数据来自 ArchiCAD)

第二节　利于热交换的轻型瓦屋面

一、鄂东北传统天井式住宅的屋面

鄂东北传统民居屋顶通常使用小青瓦,这种小青瓦亦由当地泥土烧结而成。一般的做法是将小青瓦以一仰瓦一俯瓦的形式搁置在木椽子上(图 3-10)。如果家庭比较富裕,则可在砌屋面的时候使用双层瓦。而一些比较高档的大宅子会在屋面上加置望板或天花。这种构造使得其与瓦屋面之间留出了一层空气层,可以用来通风换热,这可以大幅度地满足夏季屋顶对隔热的需求。

屋面加工简单、利于维护、自重轻,从热工角度看同样具有合理性。根据张涛的研究,虽然青瓦屋面的热惰性较小,但是在白天,它的隔热性能类似于混凝土。而在夜里,因为空气几乎没有蓄热能力,所以青瓦屋面有利于由室内向室外散热。

图 3-10　青瓦屋面

（图片来源：笔者拍摄）

二、屋顶的传统、现状体系对比

屋顶的传统、现状体系对比如表 3-2 所示。

表 3-2　屋顶的传统、现状体系对比

项　　目	传统民居		当代农宅
构造做法	300 mm 小青瓦 ＋15 mm 木板	30 mm 小青瓦 ＋15 mm 木板 ＋300 mm 空气层	25 mm 水泥砂浆 ＋5 mm 沥青油毡 ＋100 mm 钢筋混凝土 ＋20 mm 水泥砂浆

续表

项　　目	传统民居		当代农宅
构造图解			
原材料	土、木	土、木	水泥、砂、石
最小砌块	青瓦、木条	青瓦、木条、木板	—
技术难度	易	中	—
成本	低	中	高
传热系数 /[W/(m^2·K)]	4.83	3.86	3.366
节能效果	一般	良好	不良

（资料来源：笔者整理，数据来自 ArchiCAD）

传统民居的屋顶接受了大量的太阳辐射，用轻质的瓦屋面是一个很明智的选择，这种屋面无法存储太多热量，所以在晚上可以极速地消散白天积攒的热量。

当代农宅主要为平屋顶，屋顶没有任何保温、隔热措施，顶层的环境不堪设想，无法住人，整个顶层变为隔热层，非常浪费。

第三节　以木材为主的内部结构和构造体系

鄂东北地区传统民居所用的木材主要为杉木，不产于当地，可去最近的汉阳鹦鹉洲开采，也可远至江西等地开采。杉木具有树干笔直、成材期短、纹理顺直、耐水、耐腐蚀、不引虫蛀等优点，是作为建筑用材的上好材料。鄂东北地区传统民居中木材都直接暴露出本身天然的纹理和色彩，有一种古朴和自然之美，和环境有很强的适应性。

木材在鄂东北民居中作为重要的建筑材料被大量使用，表现在以下几个方面。

（1）穿斗式木构架为建筑内部结构的首选。

（2）建筑内部水平和垂直的空间划分、围护体系，全部由木材完成。

（3）装饰部分亦由木材完成。

如图 3-11 所示，从上至下依次为作为结构的木构架、楼板、划分空间、采光、通风的活动隔板体系。

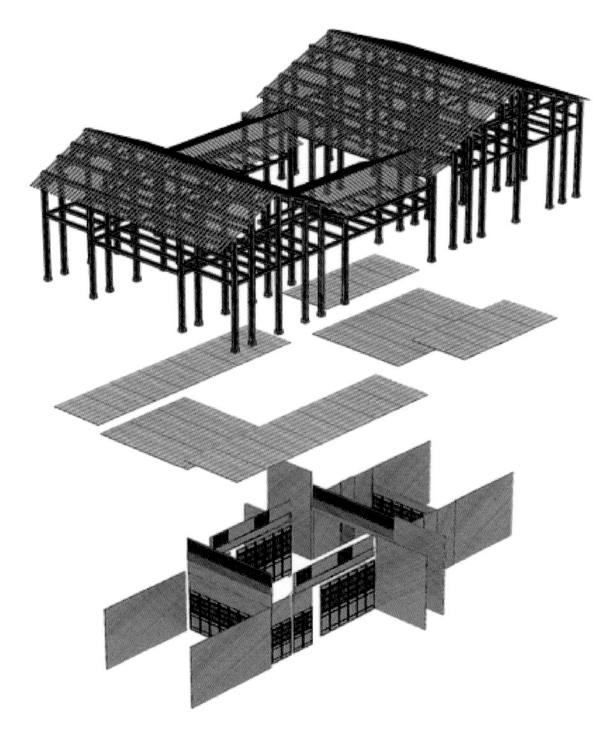

图 3-11　以木材为主的内部结构

（图片来源：笔者自绘）

一、以穿斗式为主的木结构体系

鄂东北一般民居的主要结构方式为外墙加穿斗式木结构混合承重，其用料细巧、结构经济、施工方便。木结构建筑中的主梁都是直接搁置在前后

的檐墙上,而山墙用来承托檩条,四面墙壁都可以承重。除此之外,也可以将梁端头都包裹在外部墙体内,这样的构造方式可以避免梁架受到风雨的侵蚀。应用砖石墙做山墙,在一定程度上控制了结构的应力变形,加强了民居的坚固性。

二、木结构的分隔与遮护体系

鄂东北传统民居典型的住宅形式为天井式。由于需要抵御外乱,且石墙、砖墙上开洞技术受限等原因,外墙上一般开窗面积非常有限。其采光通风主要依赖于天井周围墙上的门窗。因此天井周围的墙体与建筑外围的厚重封闭的墙体有明显的区别。天井周围的墙体通常采用轻质墙体。通常做法为门窗一体,因木材的防潮性能不佳,常在木板墙的基础部位采用条石作为基础,或者采用砖砌窗下墙的做法,避免木材直接接触土壤。

1. 实隔断:木板墙

木板墙是鄂东北民居中最常用的一种围护和分隔墙体,又称"古皮",不承受荷载(图 3-12)。

2. 虚隔断:遮堂门、隔扇门与格子门

进槽门一两步,天井与门之间设遮堂门(图 3-13);堂屋前设隔扇门(图 3-14),可拆卸;围绕天井设格子门(图 3-15),上面布满多种多样精美的棂格图案。

遮堂门起到美观与屏风作用。隔扇门、格子门保证了房屋内部的采光,更有效地控制与外界空气的对流。在寒冷的冬季时,遮堂门关上,将天井与室内分隔开,起到保温的作用;夏季则将门板取下,使空气流通顺畅,起散热的作用。隔扇门其实等同于今天绿色建筑中常用的"可变换的表皮"。格子门上棂格的通透性加强了室内外的联系。

3. 阁楼楼面

鄂东北传统天井式民居通常会设置阁楼层,一般用作储藏间,存放秸秆、粮食等。阁楼楼板、栏杆等也都由木材构成。阁楼层通常不住人,可承

图 3-12　木结构与木板墙

（图片来源：笔者拍摄）

图 3-13　遮堂门

（图片来源：笔者拍摄）

图 3-14　隔扇门

（图片来源：笔者拍摄）

图 3-15　格子门

（图片来源：笔者拍摄）

担隔热层的功能。

除此之外，建筑内部空间的所有隔断基本全部由木材完成。不管是作为结构构件还是建筑构件的木材，都同时被赋予装饰性的功能。在鄂东北民居中装饰和结构是一体化的(图 3-16)。

图 3-16　装饰、结构一体化

(图片来源：笔者拍摄)

三、门窗的传统、现状体系对比

门窗的传统、现状体系对比如表 3-3 所示。

表 3-3　门窗的传统、现状体系对比

项　目	传统民居		当代农宅	
构造做法	50～70 mm 实心木板	木框窗加 0.5 mm 厚的纸	塑钢门	单层玻璃

续表

项　　目	传统民居		当代农宅	
原材料	木	木、纸	水泥、砂、石等	—
最小砌块	青瓦、木条	青瓦、木条、木板	—	—
技术难度	易	中	—	—
成本	低	中	高	—
传热系数/[W/(m^2·K)]	4.83	3.86	3.366	5.87
节能效果	一般	良好	不良	不良

(资料来源:笔者整理,数据来自 ArchiCAD)

鄂东北地区当代农宅的门大多使用塑钢门,保温隔热能力很差;鄂东北地区的窗户与其他地方相比比较单薄,几乎没有双层的。在冬季,为了御寒,部分民居会贴一层塑料薄膜在窗户内侧,但几乎起不到什么作用。

第四节　贴近土地的地面

一、鄂东北传统天井式住宅的地面

鄂东北民居地面的通常做法是下面是石质基础,并设排水系统,如天井及天井周边的一圈;上铺三合土找平,也有在地上架木地板的。这种构造使室内地面和地表联系紧密,形成温度相对恒定的地坪。

具体做法:将普通的白灰和黄土按照 3∶7 的比例混合,称为"三七灰土",在施工时分层夯实,每步灰土先虚铺 200 mm,夯实后约为 150 mm 厚。以灰土做基础可提升铺地防水性,且防水强度会随时间推移而逐渐变高,几乎坚如磐石。部分居民在处理地面时会在三七灰土中掺入细砂和蛋清液,称为"三合土",将其夯实后,刻上类似于砖缝的线条,作为装饰(图 3-17)。

图 3-17　三合土地面

（图片来源：笔者拍摄）

二、地面的传统、现状体系对比

地面的传统、现状体系对比如表 3-4 所示。

表 3-4　地面的传统、现状体系对比

项　　目	传统民居	当代农宅
构造做法	100 mm 三合土	25 mm 水泥砂浆＋100 mm 钢筋混凝土＋25 mm 水泥砂浆
建筑材料	三合土	水泥砂浆、钢筋混凝土
技术难度	易	难
成本	低	高

续表

项　目	传统民居	当代农宅
传热系数 /[W/(m^2·K)]	1.5	9.44
节能效果	好	很差

(资料来源:笔者整理,数据来自 ArchiCAD)

本章用定性分析的方法详细介绍了鄂东北传统民居的构造做法,并用定量分析的方法计算其热工性能,并和当代自建农宅构造做法进行对比,发现鄂东北传统天井式住宅的围护结构的热工性能较之当代自建农宅构造的热工性能更为优良。

这种围护结构可按建筑材料的组合总结为"外石内木":用石材做建筑物的外封套抵御恶劣气候,围合出相对稳定舒适的内部环境;内部使用木材形成可变的分隔体系,同时也保证了与人体接触的部分多用木材,使人感觉更亲和。鄂东北地区后来建造起来的房屋几乎全部采用新材料,但是在材料的选择方面并不丰富。搭建的构造也非常简单一致,建筑围护结构均未采用任何保温措施。

第四章　空间中的气候经验

本章将从村落与农宅的空间形态、村落选址两方面探讨鄂东北传统民居的气候适应性。研究的重点是与气候适应性相关的空间特征，而非从功能、美学上探讨。

首先进行传统天井式民居空间与传统村落空间的特征参数分析，如窗墙比、建筑密度、容积率等特征，同时，将传统村落的空间特征与当代村落的空间特征进行对比分析，通过统计数据来反映村落关键性空间特征的变化。其次，研究传统村落空间系统的构成和组织特征与传统民居气候适应性之间的关联，包括单体天井空间的研究、建筑群体的研究及街巷系统的研究。最后，研究村落选址与传统民居气候适应性之间的关联。

第一节　单体民居空间特征参数统计与分析

一、统计参数及研究对象

1. 统计选取的空间特征参数及研究目的

建筑空间特征参数及研究目的如表 4-1 所示。

表 4-1　建筑空间特征参数及研究目的

空间特征参数	研 究 目 的
建筑面积/m^2	住宅规模的变化
平均高度/平均层数	反映住宅竖向尺度的变化

续表

空间特征参数	研 究 目 的
体形系数	反映住宅体量和形体复杂度的变化
窗墙比	反映住宅开窗面积大小的变化

（资料来源：笔者整理）

2. 研究对象与统计方法

研究中，传统民居和当代农宅的数据均来自测绘图纸。对于高度的统计，坡屋顶建筑的高度计算至檐口，平屋顶建筑的高度计算至女儿墙。

二、建筑空间特征值统计结果

建筑空间特征值统计结果如表 4-2 所示。

表 4-2 建筑空间特征值统计结果

空间特征参数	传统民居	当代农宅
建筑面积/m^2	436.5	183.4
平均高度/平均层数	4.39 m/2 层	7 m/2 层
体形系数	1.09	0.56
窗墙比	9.1%	14.8%

（资料来源：笔者整理）

三、统计结果分析及结论

（1）鄂东北传统民居的规模较大，当代农宅规模较小。与传统民居相比，当代农宅的单体面积减小近 60%，主要原因是家庭结构趋于简单化。遗留的传统民居已经残缺，如果进行复原对比，数据将进一步扩大。

（2）鄂东北农宅在发展过程中层数及高度明显增加，主要原因是建筑材料、结构形式、社会心理发生了变化。

(3) 鄂东北传统民居由于有内天井，因此表面积大、体形系数大。当代农宅由于去掉了内天井，体形系数明显减小。

(4) 鄂东北当代农宅的窗墙比明显增大，说明农户对自然通风、采光的需求提高了，当代社会环境安定有序，建筑技术也允许大开窗。

第二节　村落的空间特征参数统计与分析

一、统计参数及研究对象

1. 统计选取的空间特征参数、计算方法及研究目的

村落空间特征参数、计算方法及研究目的如表4-3所示。

表4-3　村落空间特征参数、计算方法及研究目的

空间特征参数	计算方法	研究目的
容积率	建筑面积/村落用地面积	反映建设用地强度，分析用地是否节约
建筑密度	建筑基底面积/村落用地面积	反映村落空间系统的疏密特征
平均高度/平均层数	村落内建筑高度/层数的算术平均值	反映村落在竖向维度上的尺度
平均巷道高宽比	村落内主要巷道高宽比的算术平均值	反映村落建筑的密集程度
交通面积比	道路面积/村落用地面积	反映交通路网的密度
公共场地面积比	公共场地面积/村落用地面积	反映室外公共活动场地的密度

(资料来源：笔者整理)

2. 研究对象与统计方法

研究对象为鄂东北典型传统村落罗家岗村中的传统民居片区和当代农宅片区。

传统民居片区由于年代久远，已显破败，对这一部分的统计采用复原的方式，用典型的传统民居进行复原，以保证统计数据能够较好地反映传统村落的原貌。对于高度的统计，坡屋顶建筑的高度计算至檐口，平屋顶建筑的高度计算至女儿墙。

为了更直观地反映出统计数据的变化，选取研究对象中比较有代表性的局部，通过图示能够更直观地表现聚落空间的变化(图 4-1、图 4-2)。

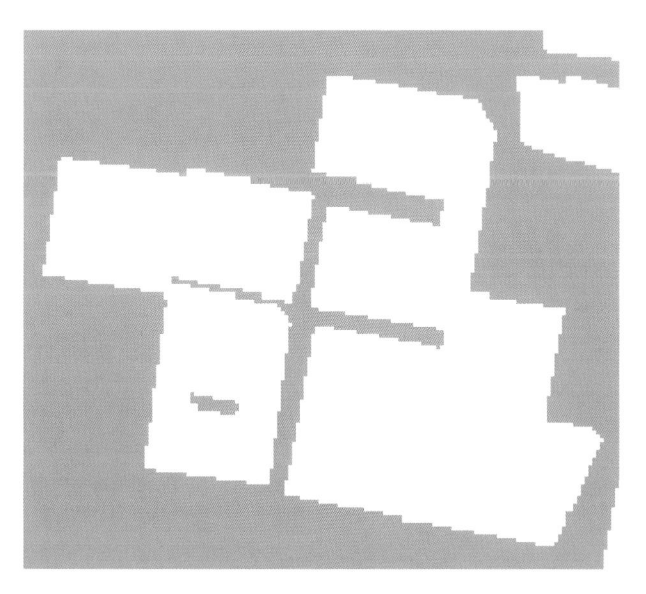

图 4-1　传统民居片区局部

(图片来源：笔者自绘)

二、村落空间特征值统计结果

村落空间特征值统计结果如表 4-4 所示。

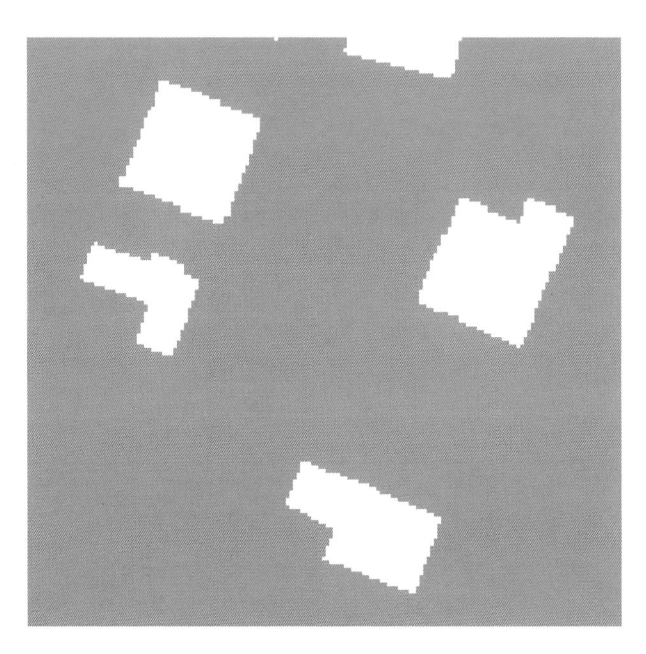

图 4-2 当代农宅片区局部

（图片来源：笔者自绘）

表 4-4 村落空间特征值统计结果

空间特征参数	传统民居	当代农宅
容积率	0.88	0.45
建筑密度	58.6%	22.6%
平均巷道高宽比	1.8	没有形成巷道
交通面积比	17.1%	31.3%
公共场地面积比	18.3%	56.1%

（资料来源：笔者整理）

三、统计结果分析及结论

(1) 传统村落格局与当代村落格局相比，表现出明显的高密度、高容积率的特征。新中国成立后建设的片区都是有组织的，户与户之间联排建造。当代村落自建部分空间形态呈现明显的离散化、无序化，没有形成互相遮挡的自遮阳群体。

(2) 当代村落自建部分建筑密度不足传统村落的一半，容积率也约为传统村落的二分之一，土地利用强度远低于传统村落。

(3) 当代村落自建部分的交通面积比、公共场地面积比例较之于传统村落明显增大。传统民居尽量压缩公共空间，只保留最基本的交通空间，将空间更多地放在建筑内部。当代农宅由于天井和庭院的遗失，只能将大量空间划分为公共空间。这些空间由于私密性不好，也不能得到充分的利用。

(4) 传统民居片区空间连续、密集建造，建筑之间的间距小而狭窄，形成狭窄巷道。当代农宅片区无巷道形成，不利于控制太阳辐射。

第三节　单体空间的气候经验——内向空间

一、狭窄天井组织采光、通风

村庄建设早期动荡的局势，使住宅设计中防卫的意义被强调。设置房屋外墙或围墙是求得安全的需要，门窗不可以在周边墙上任意开启，起采光通风作用的庭院必不可少。若房屋放在中央，四周围墙，十分不经济。传统天井式住宅最显著的空间特征就是以天井为核心，功能空间围绕天井展开布置，形成内向型的居住空间。风压通风在庭院中被实现，室内则主要依靠天井热压通风。

鄂东北民居的天井具有我国南方传统民居天井狭小高耸的普遍特征。对鄂东北地区9个传统天井式民居测绘图纸中的14个天井数据进行了整理和统计（表4-5），统计指标包括天井宽度、天井长度和檐口高度。通过统计数据可以发现，鄂东北传统民居的天井长度尺寸多在1～5 m，平均值为3.07 m。宽度尺寸在0.5～3 m，平均值为1.46 m。檐口高度尺寸多在3～5 m，平均值为4.2 m。天井平面形态较为狭长，长宽比平均值为2.1∶1，天井剖面形态狭窄高耸，高宽比平均值为2.9∶1。这样的形态使得天井处于房屋的阴影之中，从而减少太阳辐射，避免夏季室内过热；冬季则得到更多的日照。同时，天井处靠近地表的空气温度低于天井上方的外界空气温度，保证了热压通风的实现。晚上天井的开敞可以保证庭院快速降温。

表4-5　鄂东北民居天井数据统计

名称	天井宽度/mm	天井长度/mm	檐口高度/mm	天井长宽比	天井高宽比
大胡楼a	890	2060	3700	2.3∶1	4.2∶1
大胡楼b	850	1120	3800	1.3∶1	4.5∶1
罗家岗村1号	1550	3330	8000	2.1∶1	5.2∶1
罗家岗村2号	1750	4350	3540	2.5∶1	2.0∶1
罗家岗村3号	2400	3550	3400	1.5∶1	1.4∶1
罗家岗村48号a	1210	2170	4470	1.8∶1	3.7∶1
罗家岗村48号b	730	1140	3840	1.6∶1	5.3∶1
罗家岗村48号c	500	1200	4320	2.4∶1	8.6∶1
南冲塆	920	3660	4565	4.0∶1	5.0∶1
谢家院子a	1500	4880	3940	3.3∶1	2.6∶1
谢家院子b	1580	4880	4275	3.1∶1	2.7∶1
张家湾15号a	2990	5320	3845	1.8∶1	1.3∶1
张家湾15号b	2990	4015	3845	1.3∶1	1.3∶1
张家湾22号	580	1290	3250	2.2∶1	5.6∶1
平均值	1460	3070	4200	2.1∶1	2.9∶1

（资料来源：项目组整理）

经测量发现，热压带来的风速通常很小，鄂东北民居中运作良好的天井热压通风风速通常为0.2～0.3 m/s，这样的风速不会使人有明显的吹风感，只有轻微的阴凉感。但天井处的热舒适性明显高于室内。结合人们使用环境的行为思索传统环境中的人类活动，在非睡眠时间时人们一般不会待在卧室，而是在公共生活空间，因此在公共生活空间组织自然通风有一定的合理性。

室内的重要房屋中也有亮瓦甚至是完全敞开的采光天井（图4-3），保证室内有一定的采光和通风。遮堂门与布满孔洞的格子门都是可变换的表皮，人可接近或是隔断外部气候。

图4-3 鄂东北民居天井、房间内采光天井及亮瓦

（图片来源：笔者拍摄）

二、以天井为基本单元的多层次有效空间

天井的存在，使得鄂东北传统民居的居住模式与现代居住建筑的居住模式截然不同。鄂东北传统民居尽量压缩公共空间，只保留最基本的交通空间，将空间更多地放在建筑内部，形成半室外的天井和庭院。这样形成了三种空间层次：室内空间、建筑围合的半室外的庭院空间和公共空间。这些空间和日常生活紧密相连，利用率很高。我们把这种密集建造称为有机聚集。

现代居住楼盘将空间简单地划分为两种类型，即私密的室内空间和公共的室外空间。由于没有天井和庭院，必须依靠建筑外围面采光，因此必须控制建筑的间距，将大量空间划分为公共空间。室外公共空间私密性不佳，缺失亲和力，很多活动无法在其中进行，大大减少了其利用率。

天井式住宅通过多进深、多开间的方式生长，形成连续的水平向空间。这种和现代居住建筑截然不同的空间利用模式是传统村落高密度形态得以实现的基础。以天井为基本单元的住宅布局优于现代住宅的行列式布局，不仅在空间的舒适程度上，而且在开发强度上都更优。图 4-4 模拟的是鄂东北天井式民居和现代住宅两种模式，当民居为 2 层时的容积率和现代住宅为 6 层时的容积率基本相同。当民居为 3 层时，其容积率大于 6 层现代住宅的容积率。

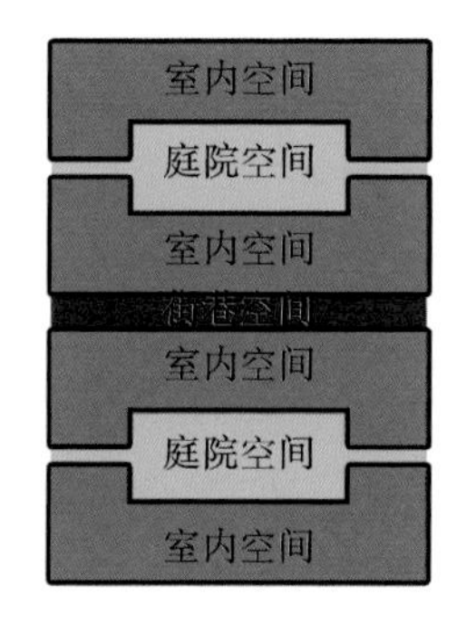

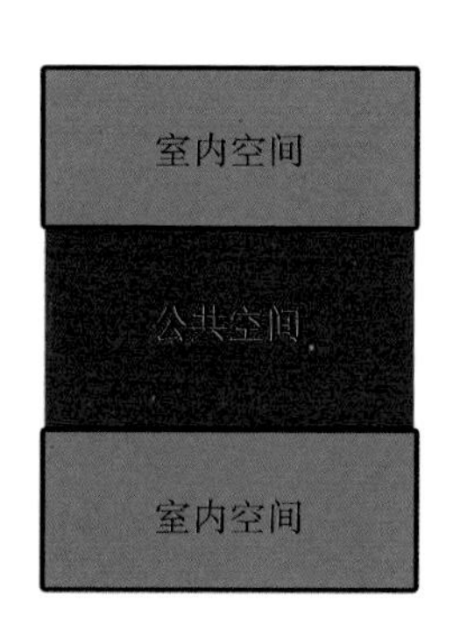

图 4-4　两种居住模式

（图片来源：笔者自绘）

第四节　群体空间的气候经验——适应地形、密集建造

地形、地貌直接影响村落的位置、布局、走向以及空间层次。鄂东北村落大多处于山坳处，村落自身建立于缓坡上。村落用地有限，村民之间需要互相协调。除最显赫的人家，一般的民居不可能随心所欲地考虑风水和挑选朝向。

鄂东北传统村落最终的空间系统组织方式为单体民居，平行于等高线，建于缓坡之上，呈线性布局。同列的房屋位于同一标高平面，由于天井的存

在，相邻房屋直接相连。同列的房屋会顺应山形自然地扭转，而不是严格地坐北朝南，这样可以不留间距地密集建造。不同列的房屋排布在高程不同的几块台地上，各群组之间以不规则的巷道相连。这样的建造方式大大地减少了土方，实现了最大限度上的土地集约。

由若干个内天井式住宅紧密拼接扩展而成的组团，尺度一般为 50～80 m。密集建造可以减少建筑外界面和不利于与环境直接接触的表面积，优化整体的体形系数。由于建筑之间的相互遮挡，位于内部的大部分房屋、墙面基本不会受太阳直射，这样有利于获得比较稳定的内部环境。这样更能充分发挥传统民居建筑厚重的墙体和天井的气候调节优势。

鄂东北民居的另一显著特征是单体建筑一般前高后低，这样的建筑形态可以为单体建筑增加夏季南风的迎风面，减少冬季寒冷北风的受风面，同时，更可以减少前一排房屋对后排房屋采光和通风的遮挡（图 4-5、图 4-6）。因此前后排之间的建筑间距可以进一步缩减。

图 4-5　翁杨冲街巷：前高后低

（图片来源：笔者拍摄）

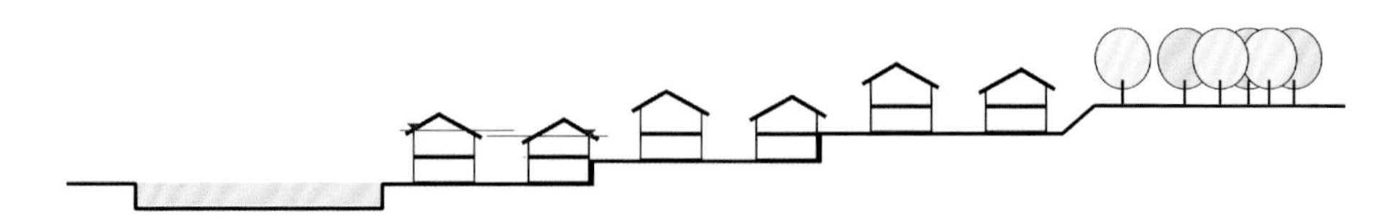

图 4-6　翁杨冲街巷:前高后低

(图片来源:笔者自绘)

第五节　街巷空间的气候经验——组合式捕风系统

鄂东北传统村落的巷道系统是由建筑群体的边界自然形成的。街巷与建筑群体为图底关系,建筑群体是“图”,街巷为“底”。街巷既是村落的交通空间,又是自然要素,如阳光、风等影响建筑单体的重要界面。

鄂东北民居中的街巷有两种,一种是“大屋”内部的街巷,家族声望地位越高,经济条件越好的人家,院落格局越复杂,内有街巷,每户沿街巷一侧开门,并依靠巷道两边的墙壁和短出檐形成半封闭空间,巷道尺度不宽,一般宽度约为 6 尺(2 m),故称“六尺凉巷”(图 4-7)。因两侧山墙高大,且巷道顶部部分有屋顶覆盖,可以产生较大面积的阴影,故在炎热的夏日不会有灼热的阳光射入石巷,使巷道成为可提供乘凉、进行手工劳作的半室外空间。另一种是村落间的公共街巷,由成行成列拼接在一起的建筑组团外界面自然形成。

巷道高宽比为 3～6,高而窄的巷道能大幅减少地面和外墙面受太阳直射的时间,顺直的、连续的巷道有利于把风引向村落内部,形成自然对流的巷道风。密集狭窄的街巷既是村落的交通系统,也是形成村落小气候的重要原因。

槽门(图 4-7)是鄂东北民居普遍存在的重要组成元素。多为凹进式,外墙向内退进 1.5～3 m,使主入口从平直的外墙上凸显出来,而不占用公共空间。因墙退的时候檐不退,自然形成高大的入口门廊,可以遮雨。出于对风水的考虑,巷内户门不正对街巷,而是与街巷呈一定偏角,在构造上形成当

图 4-7　谢家院子的凉巷、槽门

（图片来源：笔者拍摄）

地所谓的“弯水”。

从通风角度分析，一定的倾角更利于顺应风的来向，从而更好地将巷道风引入建筑内部。在罗家岗村的 1 号大宅中，槽门就像一个捕风的漏斗，增大了夏季南风的捕风面积，后端缩小，减少冬季北风的进入（图 4-8）。通过

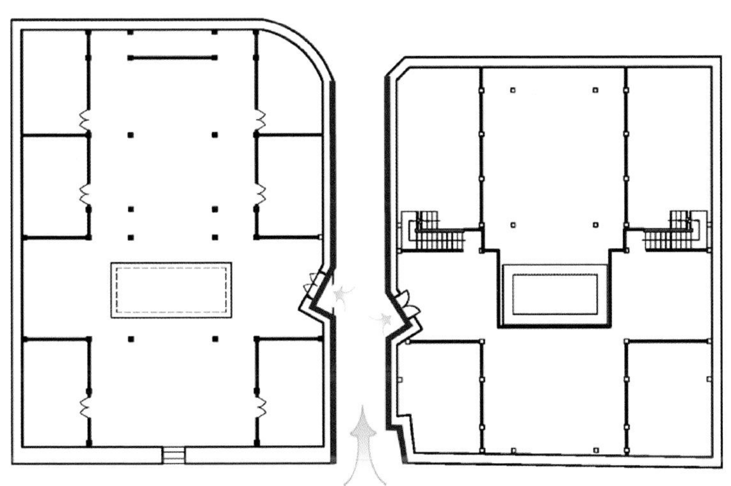

图 4-8　罗家岗村 1 号大宅：槽门、巷道、弯水组成的捕风系统

（图片来源：笔者自绘）

槽门、弯水和巷道结合形成的捕风系统，可以增强风压通风的效果。

鄂东北村落通常地势开阔，南面无大山阻碍，而且通常都有风水塘，夏季都有明显的自然风，通过合理的组织，巷道风速通常在 1 m/s 以上，这种风速使人体有较明显的吹风感，利于乘凉。

第六节　群体气候经验——利用自然、有机聚集、因地制宜

中国自古就有“风水”之说，古时建造村落、住宅都依托于此。风水学说的一些观点符合目前已经得到科学证实的环境设计理论和环境科学理论。鄂东北村落的选址、营建，也在被动地适应自然的同时，巧妙地利用了自然，塑造出适宜的微气候。翁杨冲选址于谷脉交融之地，鹿茸山、白庙山、公长山、羽山、板栗坡等大片的山林和水等将翁杨冲环抱其中，总体地势东北高、西南低，村落基地内有 9 口池塘。陈田村地处被称为“卧龙之地”和“软椅地”的风水宝地，东西北三面环山，南面是风水塘，水向为北向，村内格局明显，均为坐北朝南，面向风水塘。

1. 村落选址

在宏观尺度上，鄂东北地区南临长江，北倚大别山，总体上遵循“负阴抱阳”的风水格局。

鄂东北地区多为山地、丘陵地貌，山体通过对阳光、风的遮挡继而影响村落环境。鄂东北村落大都会选址于群山环抱之间，在较大的尺度上，形成有依靠或者围合的稳定空间态势。北面、西面以大山为屏障，可抵御冬季寒风，南面、东面为开阔场地，夏季可有山谷风，也可获得良好的日照环境。

2. 风水林

通常在鄂东北村落的周边，有一圈称为风水林的密集树林围合，树林宽度通常在 50～100 m，以高大的乔木为主，树冠高 15～20 m。较大尺度的山体和较小尺度的风水林共同组成了村落人工建成环境的边界。

树林具有遮阴和蒸发降温的作用，能够在村落周围形成大面积的荫蔽区域，夏季树荫下的温度比周边区域温度低 3～5 ℃，为村落的人工环境提供较低的温度。同时，树林形成的屏障可以遮挡村落外围住宅单体的外墙，避免阳光直射，从而减少外墙面的太阳辐射，降低墙体温度。

3. 重视理水

传统村落选址自古遵循“高毋近旱而水用足，下毋近水而沟防省”的原则，即尽量靠近水源，同时避免水患。鄂东北水塘星罗棋布，所以选址时无须特意靠近河流。但由于每年有相当长的梅雨季节，鄂东北民居非常重视防水、排水系统。

在村落尺度层面，一般在村落的入口及中心地段都有藏风聚气的风水塘，村落中也往往散落有小池塘，满足日常生活需要，兼具汇集排水、消防的作用，也可营造舒适的小气候。民居建在缓坡之上有利于防涝，巷道兼具排水的用途。

第七节　鄂东北民居气候适应性策略总结

本书从材料与构造、单体建筑与村落的空间形态特征、村落微气候营造三方面分析了鄂东北的气候适应性。

经过实地测量和现场体验，笔者认为鄂东北传统民居抵御夏季炎热的核心策略在于：注重遮挡，形成阴影，减少阳光辐射，从一开始就减少建筑物的得热；使用热惰性极好的外围护结构，并且密集建造，抵御传热；结合天井、凉巷组织热压、风压通风，带走热量；主要活动空间贴近土地，且主要活动空间与内部空间优化组合利用；善于营造微气候。这些策略最终通过单体尺度、村落尺度两个层次得以实现。

（一）扎入土地的隔热封套——合理的材料和构造策略

四周封闭的热惰性良好的组合墙体像一个隔热的封套，用热交换快的轻型瓦屋面覆盖，连同对房屋基础的考虑，建筑像楔子般扎入土地之中，围护出受环境干扰较小的内部空间，中间留有一口天井和天地交流。屋顶构造传热性好，保证了夜间可快速散热。

民居中阁楼通常用作放置杂物，人主要活动的空间都在一楼，既接地气，也与屋顶附近的热气隔开，保证了很好的热舒适度。这种与土地的亲密接触，不仅是现象学意义上的锚固，还是热工性能上的扎入土地。

（二）天井式住宅的内向型空间密集建造模式

传统天井式住宅的内向型空间模式，既能够适应传统的生活方式，又能够通过内部天井通风采光，形成不依赖于外墙通风采光的天井式住宅单体系统，为鄂东北传统村落密集、连续、小间距的村落形态的实现提供了可能性。

（三）高连续性的大高宽比巷道和内天井空间

这种村落形态在建筑的四周形成了狭窄高深的巷道空间环境。高连续性的村落巷道空间系统，具有狭窄高深的巷道空间特征，产生了大面积的连续自遮阳的村落室外空间。通过遮阳，控制太阳辐射得热，形成较稳定的相对低温环境，使外墙、地面不被太阳直射，保证了其隔热性能和热稳定性，从而形成良好的村落室外环境。巷道空间为建筑形成了良好的外部环境，有利于营造良好的建筑室内环境。

（四）利用山水树林形成有利的微气候

通过村落周边微环境的选择和营造，为村落的人工建成环境提供了良好的外部自然环境基础。自然环境要素和村落的人工建成环境形成良性的互动关系，共同形成了良好的气候适应能力。

上述方法使得鄂东北传统村落在有限的技术条件下，仅使用简单的材料与构造，通过巧妙的空间组织和微环境营造，形成了功能、空间、材料构

造、环境、气候的高度同构关系,实现了良好的气候适应性。其具有经济易行、技术简单、不依赖于设备和能耗的特点,是一种高效费比的气候适应方式。同时其高密度的空间特征还能够有效节约土地资源,具有缓解我国当前建设用地紧张问题的潜力。

第五章　模块化设计——适宜技术的整合、融入

本书第三章及第四章在大量民居调研的基础上，对传统民居和当代农宅的各个层面进行了详尽对比，得出当代农宅应当从构造做法、空间形态两个层面向传统民居吸取宝贵经验。本书这里将着眼于适宜的建筑节能构造做法。

模块化设计(block-based design)最初是一种比较专项的概念，主要用于机床设计。现在模块化设计的范围已经非常广泛，在航空、交通、家电、机床、信息等众多领域都有涵盖。模块化设计的特征主要表现为系列化、组合化、通用化、标准化。对于本书的研究，笔者主要运用了模块化设计理论中"复杂产品简单化"的思维方式，并且按类型分析了节能关键技术，从而构造出 7 个模块。各模块可供需求者选择、组合，实现节能建筑快速、精准设计。

首先，提炼具有地域气候适应性的鄂东北民居构造做法，并选择其中重要的局部，形成地域性绿色建筑模块，例如外墙模块、屋顶模块、晾晒空间。这些模块是将各项适合当代乡村使用的绿色技术协同考虑并与建筑空间一体化的结果，并且秉承开放性的建造原则，在建造体系的选取上，结合工业体系和乡土体系。使用乡土材料，吸取传统经验和现代工业节能技术的优点。依照经济水平对建筑材料与构造技术策略提出多种可选的综合方案，并借助 BIM 软件构建模型库，供村民进行开放性选取。

第六章将进行建筑户型改进，使村民可以得到基本的范式户型设计原则。村民可以根据场地现状、经济情况等现实条件，自行选择节能模块及户型，进行组合，使得户型的变化更加灵活，并满足节能所需。整个设计思路如图 5-1 所示。

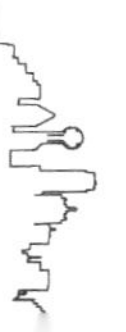

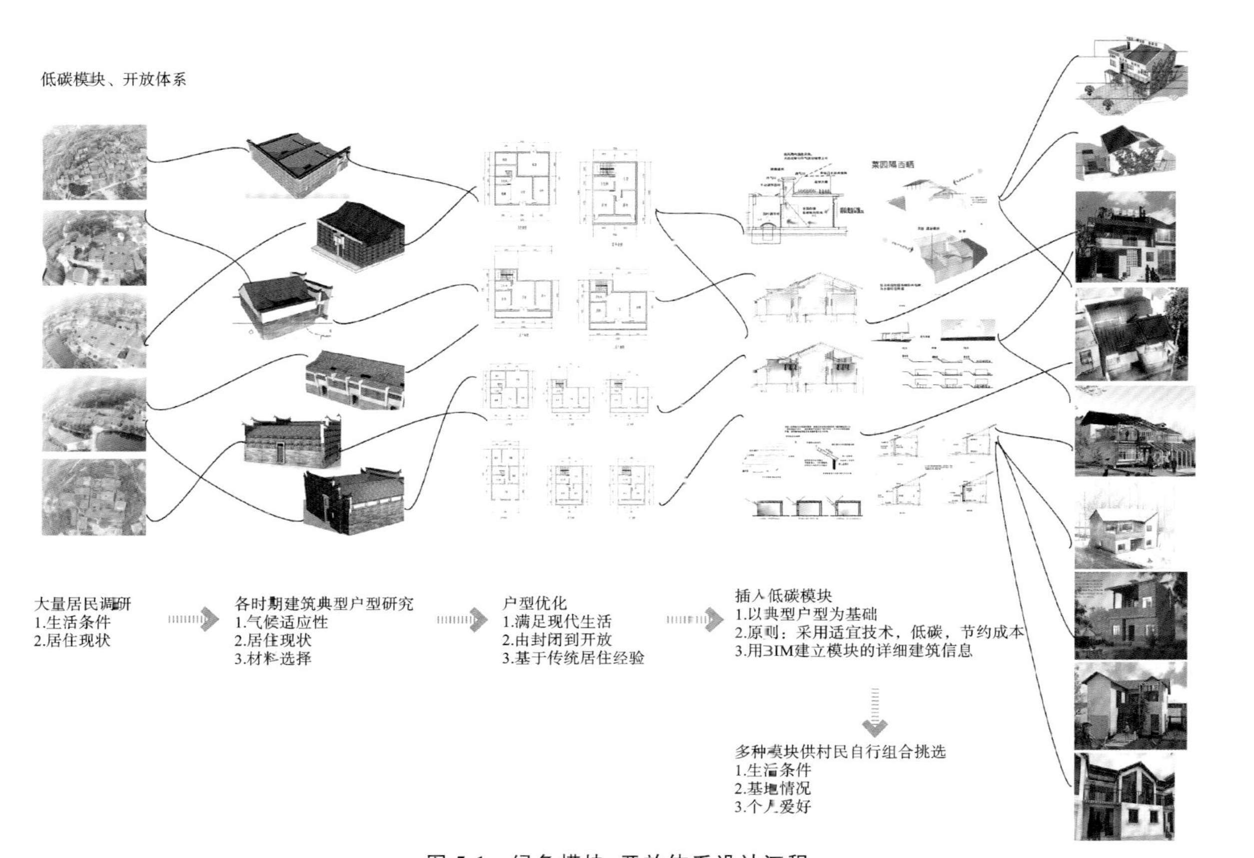

图5-1 绿色模块、开放体系设计流程

（图片来源：笔者自绘）

第一节 绿色模块设计原则

一、收效好、成本低

如表 5-1 所示，创造适宜的室内热舒适性的方法是多种多样的，上述这些方式所要求的成本不同，能够达到的舒适效果也不同。建筑的成本不单是指经济消耗，还包括其中不可见的能耗、资源、环境、生态等代价。如果某种节能方式成本过高，尤其是环境、生态这种无法用经济估计的成本过高，则这种节能方式是难以持续的。好的气候适应性，尤其针对农宅，应建立在成本少、收效高的原则上。

表 5-1 气候适应性的效费比

项　目	类　型	效果	经济成本	生态成本	可持续性
环境营造	村落选址	一般	低	低	好
村落形态	重视微气候	一般	低	低	好
	住宅朝向	一般	低	低	好
	建筑密度	一般	低	低	好
建筑形态	天井	一般	低	低	好
	体形系数	一般	低	低	好
建筑材料	围护结构保温性能	一般	低	低	好
建筑设备	空调	非常好	高	高	不好

（资料来源：笔者整理）

随着科技的进步，节能技术也在进步，并且逐渐普及，与此同时，乡村经济也在逐渐发展。成本较高的保温材料和隔热材料从前大都运用于城市住宅，现在随着乡村的发展也渐渐地被引进。将引进的先进技术应用于当代

农宅时，材料的经济性与建造的可行性是应当作为首要考虑因素的。本书这里的绿色模块设计都会考虑成本、效果与可行性。

二、开放式营造策略——现代体系乡土化，乡土体系现代化

通用的节能技术大多依附于工业化材料，其优势在于材料本身已具有良好的性能，并有条件进行量化生产，从而构成快速装配体系，结合现代工具使构件之间的组合更为容易。目前乡村技术条件落后，工业材料本身的高成本，加之运输的高成本，在农宅中利用工业化材料受到限制。

本书第三章已详细论述鄂东北传统民居建造方法，是用低价的地域材料，通过合理的构造设计最终提高气候适应能力。利用当地传统建筑材料和研究当地传统技术气候适应性原理，这样既可以减少运输的成本，又可以降低加工产生的能量消耗，是一条非常可行的节能出路。同时，传统经验往往受限于当时的技术水平，有一定的局限性，需学习应用现代技术。

所以适宜的营建体系应该是结合工业体系和乡土体系。不仅使用工业化装配材料，而且同时也要使用各种乡土材料，最好是当地的材料。实现工业体系的乡土化，乡土体系的现代化。

第二节　外墙模块设计

外围护结构包括了很多内容，而外围护结构所具有的散热功能中，外墙所起作用占了非常大的比重。众所周知的是，外墙所占的面积也是外围护结构中最大的。在夏季，外墙吸热量占据建筑外围护结构吸热总量的35%，冬季的数据则是20%。而且墙体内会有一些湿度，这些湿度并不利于墙体保温。

一、外墙的传统+工业体系策略

1. 砌块选取

目前工业化体系下生产的粉煤灰空心砌块、混凝土空心砌块等建筑材料，都具有较好的热工性能。鄂东北地区并非传统重工业基地，考虑生产加工成本、运输成本，这些砌块并不适用。可将实心黏土砖换成空心砖，这样取材方便、制作简单。

2. 增设墙体保温层

现在普遍使用的保温方式是设置保温层，但是内保温和夹心保温容易受到"冷桥"的影响。外保温层不会内部凝水，结构不会因室外环境气候的变化而产生变化甚至被破坏。对于旧宅的节能改造，外保温的处理效果也是最好的。

鄂东北地区盛产芦苇、秸秆等，可将它们加工制作成保温隔热板材。秸秆不容易导热，在外墙外加一层适当厚度的秸秆就可以提高房子的保温效果，这种建设方式非常简单，并且便宜经济。植物易腐烂，寿命不长，但其造价低廉，利于换新。珍珠岩是鄂东北地区的一种常见材料。膨胀珍珠岩是珍珠岩当中的一种，它的保温性能非常好，常用于建筑墙体的保温隔热。因其产量和性能，这种材料可大量应用到外墙的保温层和空斗墙的填充材料中(图 5-2)。珍珠岩易吸收水分，用于外保温层导致其易损坏，但同样造价低廉、技术简单，用在内保温层更为有利。

3. 墙面使用浅色材料

为了反射太阳光，降低太阳辐射，可以将墙体处理为浅色，如使用浅色面砖贴面、涂刷浅色涂料等。其做法简单、造价低廉，在减少太阳辐射的同时，也对结构层起到保护作用，增强墙体耐久性，同时美化建筑。

二、开放体系的外墙模块设计

开放体系的外墙模块设计如表 5-2 所示。

图 5-2 秸秆外保温层

（图片来源：http://www.abbs.com.cn/）

表 5-2 开放体系的外墙模块设计

构件名称	构造方式（外侧至内侧）	传热系数/[W/(m^2·K)]	热阻/[(m^2·K)/W]	备注	造价/(元/m^2)
外墙(1)	25 mm 水泥砂浆＋30 mm 膨胀珍珠岩保温板＋240 mm空心砖＋20 mm 水泥砂浆	0.63	1.59	采用外保温形式，选用方便获取的高性能保温材料，保温隔热性能优良	200

续表

构件名称	构造方式（外侧至内侧）	传热系数/[W/(m²·K)]	热阻/[(m²·K)/W]	备注	造价/(元/m²)
外墙(2)	20 mm 水泥砂浆＋120 mm 非黏土实心砖＋50 mm 秸秆＋120 mm非黏土实心砖＋20 mm 水泥砂浆	0.60	1.67	保温材料经济适用而且可以就地取材，保温隔热性能较好	180
外墙(3)	20 mm 水泥砂浆＋120 mm 非黏土实心砖＋120 mm 可控空气层＋120 mm非黏土实心砖＋20 mm 水泥砂浆	0.61	1.64	建造技术简单，造价低廉，通过人工开闭空气间层实现保温和散热	170
外墙(4)	20 mm 水泥砂浆＋120 mm 空心砖＋50 mm 草板＋40 mm 空气层＋120 mm 空心砖	0.55	1.81	建造技术简单，造价低廉，通过人工开闭空气间层实现保温和散热	170

（资料来源：笔者整理，数据来自 ArchiCAD）

第三节　屋顶模块设计

屋顶占全部外围护结构总面积的 8%～20%，且为高太阳辐射区。在鄂东北地区，一年中最高气温几乎达到了 40 ℃，并且处于最高温的时间相当长。在这段时间里，屋顶外表面的温度一般处在非常高的状态，这就导致了

顶层空间室内的空气温度比倒数第二层或者再下一层的温度高很多;屋顶在水平方向上起到了传热壁的作用。同时,在垂直方向上,屋顶的热传导速度较外墙面的热传导速度更快。冬季室内的热量会因屋顶不良的保温性能非常快速地散失掉。因此,屋顶的保温隔热能力对室内热环境至关重要,且屋顶占围护结构的面积比例较小,具有造价投入少、节能效益高的优势。

一、屋顶的传统+工业体系策略

(一)屋顶铺设保温隔热层

目前在我国主要是利用低导热系数的保温材料作为保温隔热层,这种保温隔热层具有施工技术成熟、保温隔热效果明显的优点,但是对房屋的散热有影响。

倒置式保温屋顶中,使用憎水材料作为保温板,在防水层上侧铺设。这种做法无须设置隔汽层,施工较为简单,造价比较低廉,而且在用保温板作为保护层时,防水层可以大大地延长使用寿命。

(二)架空隔热屋顶

在岭南,使用架空双层瓦屋顶的建筑是非常常见的,这是一种传统坡屋顶住宅适应气候的手段。在两层瓦之间存在一层可流动的空气层,这一层空间就是一层具有通风隔热效果的空气层。相关研究数据表明,这种双层瓦屋顶的热阻几乎是同类单层瓦屋顶的两倍,在热惰性方面,这种双层瓦屋顶甚至比钢筋混凝土材料建造的屋顶还要低,非常适合散热。

基于传统双层瓦屋面热压通风的原理,加上现代技术的配合,屋顶可以设置一些架空通风隔热间层。在屋顶有保温层的基础上,再加设架空隔热板。这样隔热板和屋面之间就会形成流动的空气,其间流动的空气将热排走,起到了降温的作用,兼具了隔热性和保温性。建造这种屋面所需要的技术也非常简单。这种隔热板在鄂东北地区的住宅中有着非常高的使用率。

同时，架空隔热板通常承担了搭建晾晒空间的功能，但对其错误使用会导致强度与耐久性下降。钢丝网水泥是简单可行的解决混凝土壁强度问题的手段。在屋顶涂刷浅色涂料还能降低受到的太阳辐射，降低室内温度。

（三）通风吊顶、通风阁楼

通风吊顶、通风阁楼在传统民居中非常常见。阁楼在热工性能方面发挥的作用相当于空气间层的作用，夏季风流动带走其中的热量，冬季接收太阳辐射热提高室内温度。

笔者在调研中发现，有些农户直接在平屋顶上面加建阁楼（图 5-3），从而相当于形成了一个可控的保温隔热空气间层，还提高了屋顶的防水性能。通风阁楼建造简单、造价低廉，可在新建农宅中大力推广，也可极方便地适用于现有建筑改造。

图 5-3　通风阁楼照片

（图片来源：项目组拍摄）

植物棚架可以附加在屋顶上，构造简单、造价低廉，还可以辅以布匹、草席和藤蔓等。

二、屋顶模块设计

屋顶模块设计如表 5-3 所示。

表 5-3　屋顶模块设计

构件名称	构造方式	传热系数/[W/(m²·K)]	热阻/[(m²·K)/W]	备注	造价/(元/m²)
屋顶	25 mm 水泥砂浆＋50 mm 憎水膨胀珍珠岩保温板＋5 mm 沥青油毡＋100 mm 钢筋混凝土预制板＋20 mm 水泥砂浆	0.79	1.27	在屋面板上铺设保温层，采用倒置式，选用方便获取的保温材料，保温隔热性能较好	260
屋顶	40 mm 钢筋混凝土板＋180 mm 流动空气层＋5 mm 沥青油毡＋50 mm 膨胀珍珠岩保温板＋20 mm 水泥砂浆＋100 mm 钢筋混凝土预制板	0.54	1.87	具有保温层的架空隔热屋面，兼顾保温与防热，具有优良热工性能，也不影响晾晒功能	350
屋顶	原建筑屋顶加盖一层通风阁楼	无数据	无数据	造价低廉，施工技术成熟，可以做储藏空间，不影响晾晒	

（资料来源：笔者自绘，数据来自 ArchiCAD）

第四节　遮阳模块设计

一、遮阳构件的传统、现状体系对比

遮阳构件的传统、现状体系对比如表 5-4 所示。无论是在冬季还是夏季，建筑外的热量如果想要进入室内，有以下三种主要的传热方式：①室外的空气直接通过空气对流与室内空气进行交换；②太阳光对建筑外围护结构的辐射；③太阳光通过玻璃直接辐射到室内导致升温。太阳辐射会对气流产生引导作用，是遮挡的主要对象。

表 5-4　遮阳构件的传统、现状体系对比

	传统民居	当代农宅	
构造做法			
技术难度	易	易	易
成本	低	低	低
遮阳效果	可变换的表皮	形成一楼的阴影区域，对二楼主要房间也有遮阳效果	形成一楼的阴影区域

（资料来源：项目组整理）

二、围护结构的传统+工业体系选取

从遮阳的形式出发，可以将遮阳分为垂直式遮阳、水平式遮阳和挡板式遮阳三种类型。垂直式遮阳是为了应对倾斜角度较大的太阳光而设置的，这种阳光一般会照射在北立面的窗户上，因而这种遮阳方式也通常被用在北立面的窗上；水平式遮阳是另外一种遮阳方式，主要用于遮挡来自南向的直射光；挡板式遮阳可以遮挡直接射到窗口的阳光，挡板适用于接受东西太阳直射的立面的外窗。

居民可因地制宜地选择秸秆、金属、木材、布料、塑料等材料作遮阳构件。乡村的遮阳装置首先应该构造简单，其次则是经济实用。

三、开放体系的遮阳模块设计

1. 挑檐、突出构件遮阳

笔者在调研中发现：许多新建多层农宅会选择将二层楼板出挑，形成阳台、走廊等空间，不但增加了建筑的使用面积，同时还为下层建筑遮挡了阳光。

2. 窗户自遮阳

利用窗子来遮阳其实是鄂东北传统民居最常用的手段之一。这种窗子通常都是可拆卸的。装上窗，撑起来就可以控制进入室内的阳光；卸下窗，可以使窗洞完全用来通风。除了这种方法，也有民居在窗外做支撑板来达到遮阳的效果。根据当地居民熟悉的遮阳方式，笔者联想到一种与传统的方法很类似的现代遮阳方式，就是现在比较流行的上悬窗。在新建的住宅中，其实可以使用这种上悬窗来满足遮阳通风的要求。如果有要求可以加设卷帘，窗户处于开启时，卷帘覆盖在玻璃上（图 5-4），水平遮阳板就应运而生（图 5-5）。

3. 绿化遮阳

绿化遮阳是一种经济有效的遮阳方式，特别适合用于底层建筑。绿化

图 5-4　现代住宅带卷帘的上悬窗

（图片来源：http://www.jiancainet.com）

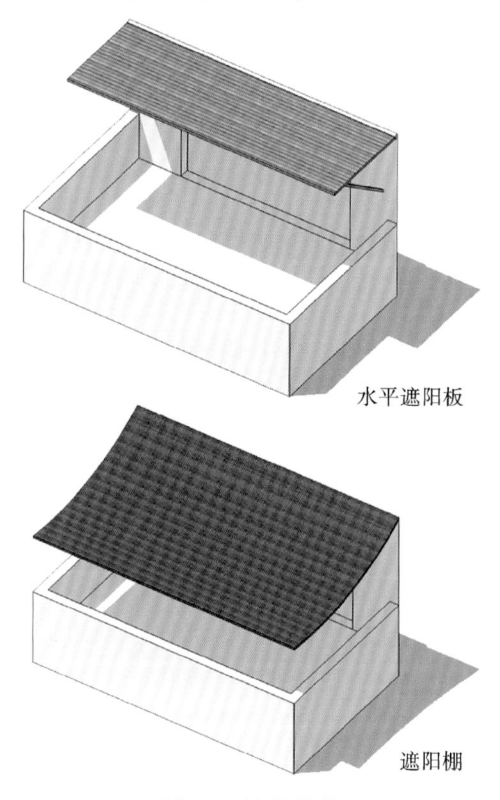

图 5-5　遮阳构件

（图片来源：笔者自绘）

遮阳(图 5-6)主要有两种形式:其一是在阳台上面种植攀缘植物,窗户外也可以种植这种植物,以有效地为外墙遮挡热辐射;其二是在建筑周围种植树木,一般的树木在夏季都可以有很好的遮阳效果,常绿树则可以全年提供遮阳功能。

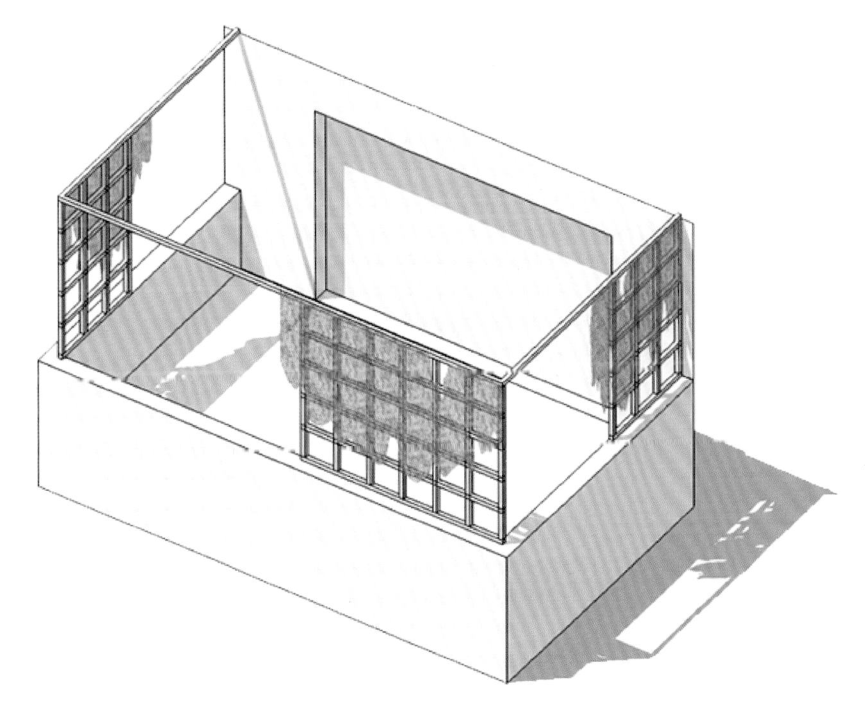

图 5-6　绿化遮阳

(图片来源:笔者自绘)

第五节　底层地面节能策略

地面层应该有较好的蓄热性和弹性,鄂东北当代农宅的地面一般没有经过处理,隔热、隔湿的效果都不尽如人意。

如果条件允许,将建筑的首层设置成架空层(图 5-7),用来强化地面的蓄热和防潮效果。首层地面下设置通风口,最好是开闭式的,夏季时打开通风口通风防潮,冬季时则将通风口关闭,下面的架空层就成为保温层。若在地面垫层上加设一层保温层,则整个地面层的保温隔热能力会再次得到提高。地面垫层上的保温层最好采用多孔面层材料,可以降低导热系数。多孔面层材料的采用,让整个构造具有一定的吸湿能力,其具有随着室温的变化而变化的特性,起到了防结露的作用。

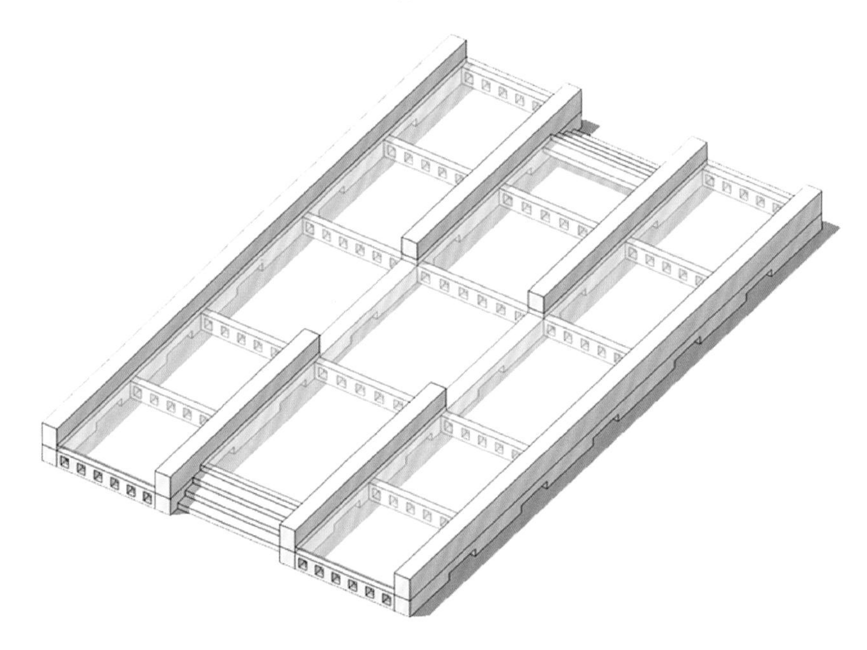

图 5-7 架空层

(图片来源:笔者自绘)

第六节 门窗节能策略

在传统天井式住宅中,天井和巷道的内表面接受太阳的直射光,而朝向天井与巷道开窗的房间则只能通过接受二次反射的漫射光来为房间提供光照。这种采光方式效率低,通常会使室内照度偏低,不符合当代生活的采光

要求。增大窗墙比是当代农宅建筑的硬性需求。

门窗是建筑围护结构中热工性能最薄弱的部位，占总能耗的 40%～50%，窗户的热损失量是相同面积墙体的 9 倍。相关资料显示，在有空调或其他降温、采暖方式的条件下，夏季空调负荷的 20%～30%是太阳辐射热透过玻璃射入室内而消耗的冷量造成的，冬季供热负荷的 30%～50%是玻璃所损失的热量造成的。

一、门窗构件的传统＋工业体系选取

1. 改良门窗的密闭性能

在整个门窗的热损失中，冷风渗透占了其中的 1/3～1/2，因此提高门窗密闭性是控制热量散失速度的关键。

因为平开门窗在气密性上比推拉门窗有更加优秀的表现，所以在选择门窗类型时，平开门窗应该被优先选择。应使用泡沫塑料、矿棉、玻璃丝等对墙体与窗框间的缝隙进行填实；可以将封条设置在外门外窗处。查阅资料后，笔者发现设置封条与否对普通钢窗的空气渗透水平有很大的影响，在不设置封条时，数值为 9.03 $m^3/(m \cdot h)$。如果设置密封条则渗透水平变为原有的七分之一，数值约为 1.3 $m^3/(m \cdot h)$，这种渗透水平甚至达到了Ⅰ级标准。并且密封条非常经济，换起来很方便，可以持续使用 3 年之久。

2. 使用保温隔热性能良好的门窗框型材

门窗框型材的材料不同和断面形式不同，会导致门窗的保温隔热性能不同。通常，金属型材、非金属型材和复合型材是门窗框的主要材料。所调研的当代农宅基本采用铝合金门窗框或塑钢门窗框，旧建筑大多会选择木材作为门窗框材料。但从材料选择来看，普通的铝合金门窗框热工性能并不好，不及木材和塑料。但木材和塑料明显没有铝合金耐久，所以在选择门窗框时，断桥铝合金门窗框和塑钢门窗框都是很不错的选择。这种门窗框可以提高门窗的保温性能。也可以将木材经过防腐和防水处理后选用，价格也比较低廉。

3. 保温窗帘与保温百叶的应用

铝箔是常见保温窗帘的材料，是一种可以反射阳光的材料。夏季，通过铝箔卷帘的反射性，将反射一面朝向外，可将部分热辐射反射出室外（图 5-8）。冬季，则可以将反射面转过来朝向室内，反复辐射室内热量，使热量减缓往外散失。这两种方法都是非常有效的保温方式。

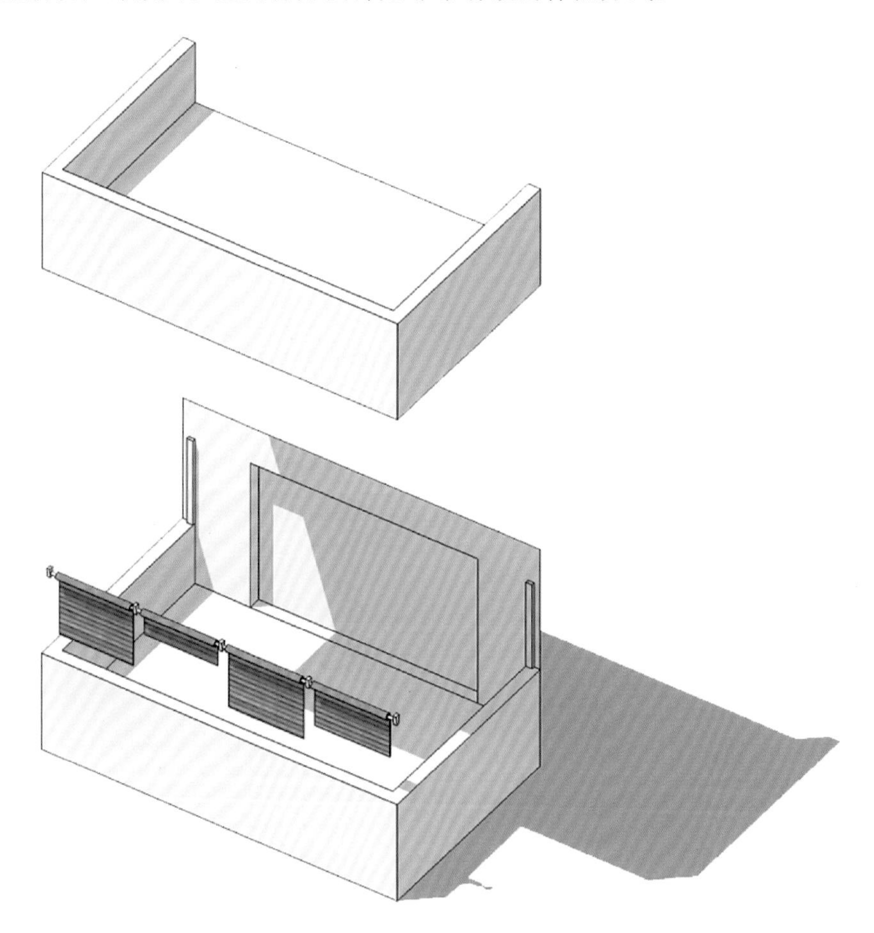

图 5-8 铝箔卷帘遮阳

（图片来源：笔者自绘）

百叶这样的轻型遮阳构件，可在夏季遮挡日照，在冬季保证充足的日照（图 5-9）。

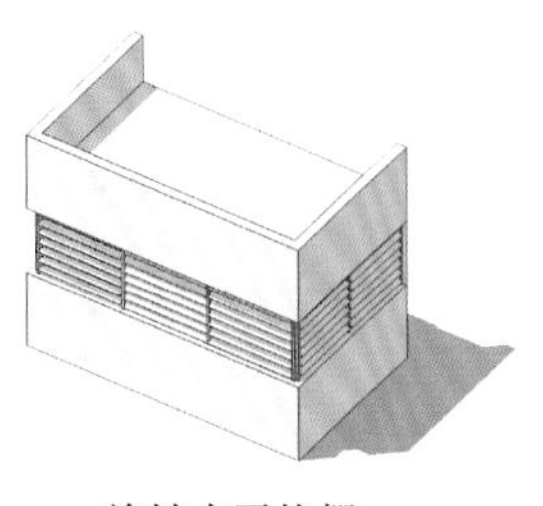

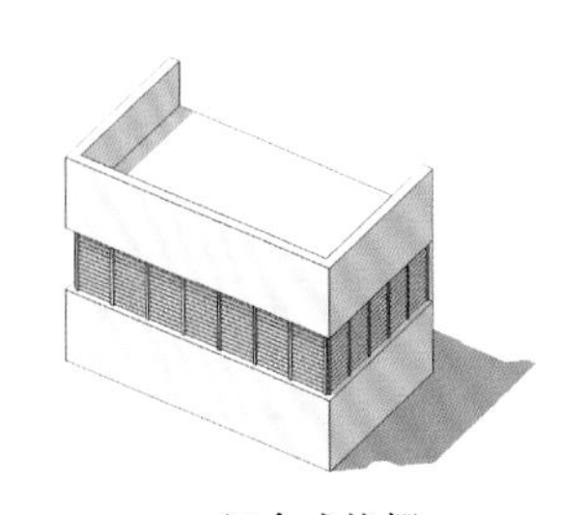

旋转水平格栅　　旋转垂直格栅　　组合式格栅

图 5-9　百叶遮阳

（图片来源：笔者自绘）

二、开放体系的门模块设计

现在比较流行一种钢门，这种门没有保温措施，传热系数为 6.40 W/(m^2 · K)。对这种钢门加以处理时，应用一些具有保温性能的材料，以减小门整体的传热系数，从而增强保温能力。

也可通过材料选择和材料复合处理，增强门的保温隔热性能，如在木门外再设置钢门。如表 5-5 所示，可根据自身需要和经济水平来选用不同的门。

表 5-5　门材料与类型选用表

门框材料	门类型	传热系数/[W/(m^2 · K)]
木	单层木门	≤2.5
	双层木门	≤2.0
塑料	上部为玻璃，下部为塑料	≤2.5
金属保温门	单层	≤2.0

三、开放体系的窗模块设计

农户有两种选择，一是在原有玻璃窗的基础上加设新窗户，二是使用中空玻璃窗代替原玻璃窗。在保证窗的气密性的情况下，普通单层玻璃窗的传热系数约为 4.7 W/(m^2・K)，而良好的中空玻璃的传热系数会小于 2.5 W/(m^2・K)，双层单玻窗的传热系数小于2.3 W/(m^2・K)。

农村住房外窗选用情况如表 5-6 所示。

表 5-6 农村住房外窗选用情况

窗框型材	外窗类型	玻璃之间空气层厚度/mm	传热系数/[W/(m^2・K)]
塑料	单层玻璃平开窗	—	4.7
	中空玻璃平开窗	6～12	3.0～2.5
		24～30	≤2.5
	双中空玻璃平开窗	12＋12	≤2.0
	单层玻璃平开窗组成的双层窗	≥60	≤2.3
	单层玻璃平开窗＋中空玻璃平开窗组成的双层窗	中空玻璃 6～12 双层窗≥60	2.0～1.5
铝合金	中空玻璃平开窗	6～12	5.3～4.0
	中空玻璃断热型材平开窗	6～12	≤3.2
	双中空玻璃断热型材平开窗	12＋12	2.2～1.8
	单层玻璃平开窗组成的双层窗	≥60	3.0～2.5
	单层玻璃平开窗＋中空玻璃平开窗组成的双层窗	中空玻璃 6～12 双层窗≥60	≤2.5

第七节 利用太阳能的设计措施

鄂东北地区日照资源丰富，应充分利用。

一、太阳能墙体的应用

太阳能墙体是一种高效的保温隔热形式，其原理是将朝南向的墙体涂成深色，并通过在距离太阳能墙体外表面 10 cm 处安置玻璃形成空气间层。太阳的辐射会使墙体以及空气层的温度上升，形成热压通风，从而促使空气流动。

在冬季，打开集热墙上下两个通风口，使室内空气形成循环对流，以帮助加热室内的空气。如果室外空气的温度比较温和，或是室内需要置换新鲜空气，则可将集热墙下方的风口关闭，同时将玻璃下方的进风口打开，从而使室外空气流入室内(图 5-10)。如果到了夏季，则同时将玻璃上风口及集热墙下风口开启，夹层的空气就会因为热压而开始流动。在这种流动状态下，室内的多余热量就会被带走。这种做法具有降低建筑采暖与制冷设备的能耗、改善室内空气品质及使能源资源可再生等优点，然而其不菲的造价及较高的技术要求对农宅主人和建造者是一种考验。

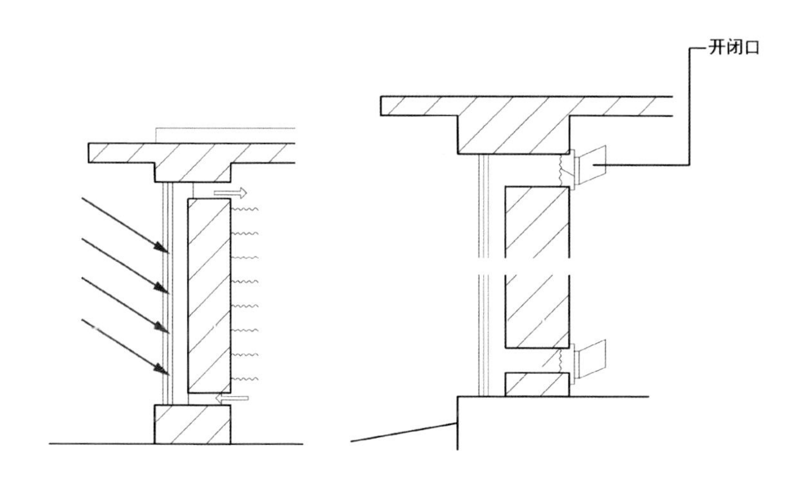

图 5-10 太阳能墙体冬季通风原理与构造示意

(图片来源：项目组绘制)

如果农户并没有太多预算，另一种做法也非常有帮助：将墙分为两部分，全部用砖砌筑，但是在中间留出宽 60～120 mm 的间隔，形成一层空气层。在冬季，上下的进排气口应该处于关闭的状态，这种有空气层的墙大大增加了房屋的保温能力；而在夏季，可以打开墙上上面和下面的进排气口，利用热压，将热空气从空气层中排出。如果热辐射很强，同时建筑物又很高，散热效果就会更明显。这种带有上下开口的空气墙非常适合夏热冬冷地区的乡村。

二、阳光房

阳光房即将阳台封闭的空间。作为住宅的特色空间，阳台可以同时兼具储藏、晾晒、绿化、为下方提供遮阳等多种功能（图 5-11）。阳台可通过加设可开启的窗、活动的遮阳卷帘或保温窗帘，变成调节室内温度的手段。

夏季的白天：室内温度低于室外温度，可以将遮阳卷帘放下，关闭阳台门，并开启阳台窗。此时，热空气将被门隔绝在室外，阳台内阴影处的低气温与室外的高气温形成热压差，引起空气流动，室内的空气被阳台的空气带动，流动的空气将带走阳台与墙体吸收的热量，从而达到降低室内温度的效果。除此之外，窗帘也可遮挡直射阳光，减少太阳辐射。

夏季的夜晚：室内温度高于室外，此时开启阳台门窗，拉开窗帘，促进自然通风，以降低室内温度。

冬季的白天：收起遮阳卷帘，关闭阳台窗户并开启阳台门。此时，阳台成为阳光房，吸收大量的热辐射，温度上升，室内空气与阳台内空气形成对流，从而使室内温度上升。

冬季的夜晚：将卷帘放下并关闭阳台门窗，此时的阳台成为一个密封的空气间层，达到保温隔热的效果。与此同时，将保温窗帘放下，窗帘就可以降低室内热散失的速度。同样，此举可以防止玻璃窗结露。

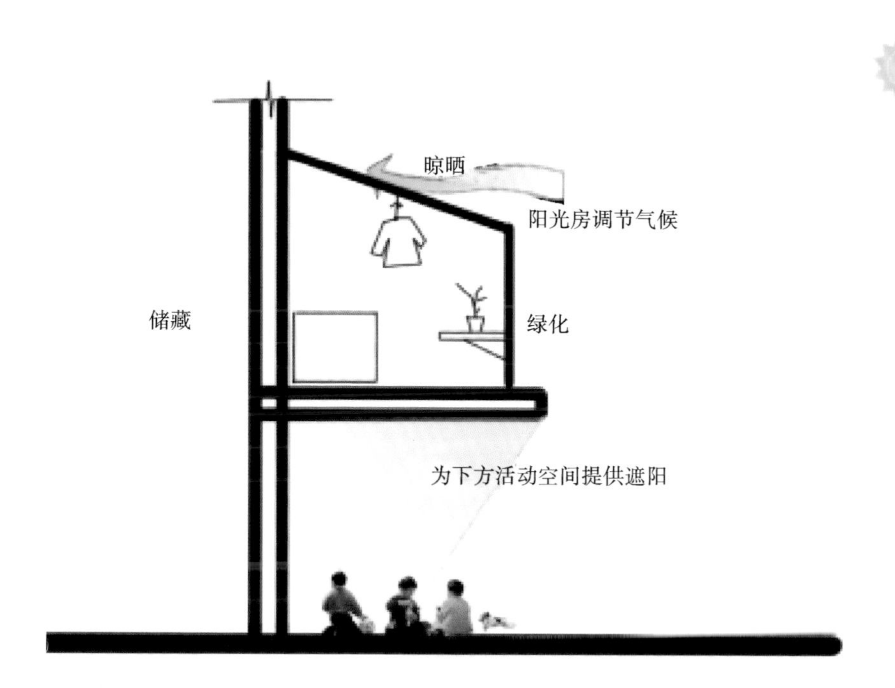

图 5-11　阳光房模块

（图片来源：项目组绘制）

第八节　晾晒空间

在住宅中可以有四种不同的晾晒空间，以满足不同造型及隐私的需求：第一种是在内阳台晾晒，即面对天井设置，这样的晾晒空间不会影响立面造型，水也能够非常顺利地通过天井排走；第二种利用植物棚架下的空间作晾晒空间，此举可将屋顶空间复合利用，排水也可浇灌菜园，使水得到多重利用；第三种是在封闭阳台内晾晒，这种空间既能起到保护隐私的作用，也不影响采光；第四种是将晾晒空间设置在阳台下方植物构架内，这种做法既可轻松实现晾晒，也增添了建筑的生活气息。各种晾晒模式如图 5-12 所示。

当代乡村住宅在能源及建设材料方面有很大的进步空间，若加以适当

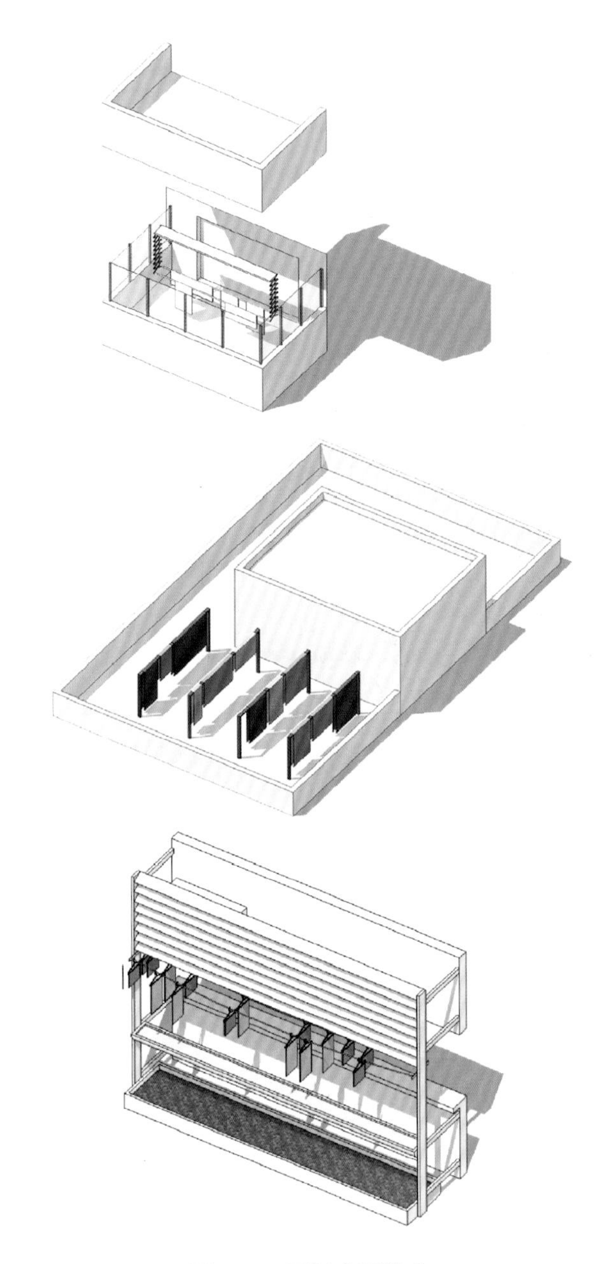

图 5-12　不同晾晒模式

（图片来源：笔者自绘）

指导设计，则可相当幅度地提升住宅的节能能力及舒适度。

笔者在本章首先解释了节能模块的设计原则。笔者认为在当地民居建造活动中应遵循并理解传统的建造方法，尽量发掘及利用本土比较好的材料。在复兴传统技术的同时，也一并将其与现代技术结合使用，应用现代节能的科学原理，找到适合乡村建筑的节能设计策略。

把乡村住宅分解成为不同的模块单元。对每个模块单元进行设计，各个模块单元可以替换，使整个乡村住宅的设计具有多样性和更广的适应性。

第六章　传统＋现代

本书这里对当代农宅进行空间设计，将传统的关键性空间特征融入当代的农宅建设中，从而保证传统民居凭借空间形态获得的气候适应性得以保存，并满足当代生活的使用功能需求。

第一节　空间设计的原则

一、传统民居关键空间特征的保存

当前的农宅、村落建设，基本上都解决了当代使用功能融入的问题，能够满足当代生产、生活需求。但实现的方式是放弃传统经验，传统天井合院式住宅消失，取而代之的是类似城市住宅的外向型居住模式。在本书第三章已重点讨论过两种居住模式带来的巨大差别。

许多当代的乡村住宅，盲目地引入现代城市住宅方案，却无法解决乡村发展滞后带来的经济及技术落后问题，出现了气候不适应与用地不集约的问题。优良的传统经验的断层，导致两大问题出现在当代村落建设当中：①气候的不适应性带来的高能耗；②发展的非集约性带来的土地低效利用。

二、生产方式、人口结构带来的需求改变

城市强势文化的渗透，使乡村生产生活方式、文化观念、社会心理、赖以

维系的家庭结构都发生了根本性的变化。

(一) 人口结构改变带来的居住规模改变

(1) 目前,很多乡村中只有妇女、老人和儿童,青壮年的男性大多在外地打工,应适当缩减农宅的居住规模。

(2) 农村现在大多为一家三口或一家四口独立居住,改变了原有的三代甚至四代同堂的居住形式。

(二) 生产方式改变带来的功能需求改变

因为新中国改革开放政策的实施,现在农民拥有了和以前截然不同的生活和生产方式。相应地,建造农宅方面也有了很大的改变:在农宅中曾经广泛存在的生产空间现在已经变得非常小,有的几乎没有。

经过调查笔者发现,乡村住宅中,卧室和客厅一般都在一层,在北侧的院中或者在户内布置厨房。一些农宅中还留有储藏间和养鸡的空间。门前空地一般都用作晾晒;二层、三层主要设置卧室、起居室。当代农宅功能需求如表 6-1 所示。

表 6-1 当代农宅功能需求

功能	说明
客厅	底层客厅兼餐厅,二层客厅类似起居室功能
卧室	主卧带独立卫生间,有 4 间左右的卧室
厨房	位于底层,靠近天井
卫生间	每层都有,设置淋浴设施和洗衣机
楼梯间	一般位于天井北侧
储藏间	2 个,位于入口处的储藏农具,另一个储藏粮食等物品
机动车位	利用门厅的空间设置

续表

功能	说　明
晾晒空间	利用阳台和平屋面
养殖空间	后院养殖家禽，聚落外围集中养殖家畜

（资料来源：笔者整理）

（三）住宅投资

在湖北省，一般乡村家庭人均纯收入在逐年递增，2008 年、2009 年、2010 年的人均收入分别为 4656.4 元、5035.3 元、5832.3 元[①]。鄂东北地区乡村经济发展条件距离全面小康社会的标准（人均纯收入 8000 元）相差很远。针对特定地区的特定气候特点，综合考虑乡村的经济水平，提出宜居并且适当的节能方案，将使乡村居住生活条件得到大幅改善。

笔者采用问卷的方式调查了乡村家庭年收入，以及对建造住宅的投资计划。经过对问卷数据的分析，笔者总结出住房标准往往和经济收入呈正比：收入一般的乡村家庭，通常都住在年代久远的平房中，计划投资 6 万～10 万元新建房，而经济条件比较好的则计划投资 10 万～15 万元新建房。有些经济水平高的乡村家庭主要成员在外打工或者开设有小工厂，这些家庭的计划投资额则在 15 万元以上。

三、当代的功能需求与规范要求

由于受时代技术条件的制约，传统村落存在如日照不足、潮湿、冬季热性能差等缺点，不能满足当代需求。道路变宽，建筑前后间距增大，住宅功能改变，是当代村落建设的切实需要。在当代村落设计中，造成和传统村落差别最大的影响来自消防、交通、日照时数等强制性规范要求（表 6-2）。

① 数据来源于《中国统计摘要（2013）》。

表 6-2 当代交通、消防、日照时数需求与规范要求对村落尺度的影响

规范	类型	当代村落尺度	村落原尺度
交通需求	双车道及错车	4.9 m	1.5～1.8 m
	人行道、宅边绿化	6 m	
	给水、电信、电力	6 m	
消防需求	根据《农村防火规范》(GB 50039—2010)第 4.0.4 条的规定，一级及二级耐火等级建筑之间或与其他耐火等级建筑之间的防火间距不宜小于 4 m	建筑物间距最小为 4 m	1.5～1.8 m
	根据《农村防火规范》(GB 50039—2010)第 3.0.11 条的要求：村庄内的道路宜考虑消防车的通行需要，供消防车通行的道路“宜纵横相连，间距不宜大于 160 m”	组团最大的尺度被限制在 160 m×160 m	无限制
日照时数需求	根据《住宅建筑规范》(GB 50368—2005)第 4.1.1 条规定的日照标准，需要满足至少 1 个主要居室大寒日满窗日照 3 小时的要求	建筑物前后间距最小为 6 m	1.5～1.8 m

（资料来源：笔者整理）

第二节 住宅空间设计

一、天井

1. 文丘里管的应用

文丘里管的截面积是不断变小的，这种方式被称作渐缩断面。在这种

断面中，气流速度会逐渐变快。将文丘里管的原理运用到建筑设计上：将建筑的剖面按照渐缩式的断面进行设计组织，此举就可以为居室中形成负压区提供物理条件，根据热压原理，空气的对流将被加强。将天井与文丘里管结合，综合发挥两者优势，以达到调节室温的目的（图 6-1）。

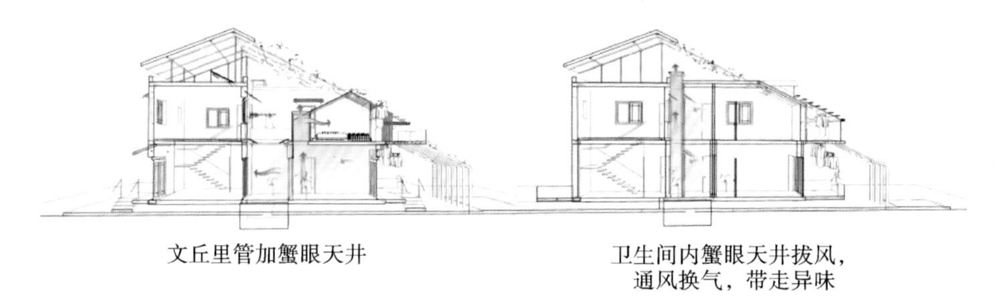

图 6-1　文丘里管加蟹眼天井气流分析图

（图片来源：项目组绘制）

2. 天井上空的处理

在天井内部搭建供喜阴植物生长的棚架，在冬季时，使用塑料薄膜覆盖天井，达到与阳光房类似的效果。在夏季时，植物生长茂盛，可以阻隔部分阳光，降低天井内温度。同理，天井上可以加盖活动遮阳板，通过这种方式来控制太阳光，炎热时可以完全盖住顶部，最大限度降低温度。使用这些手段，天井便可以拥有较大的尺度，就可以更好地满足冬季的日照要求。而为了在夏季遮阳，同样可以利用天井口的遮阳构造。有了冬季和夏季的不同构造，冬日、夏日对采光遮阳需求的矛盾就解决了。

3. 天井内的水池

天井内的水池要恢复使用，在夏季，水池可以明显调节室内热环境，并可用于收集雨水，满足生活取水，作为厨房用水、卫生间冲水、菜园浇灌用水等。

二、晾晒空间

晾晒空间在乡村住宅中其实起着不可或缺的作用，那就是解决湿度大的问题。经过调查，笔者发现鄂东北地区的居民常常在宅前或其他空地铺

水泥地面，这种做法是为了方便农民晾晒农作物。但是住宅常常离水泥地面很近，住宅前面大面积水泥覆盖土壤，这对环境很不利。在夏季，水泥也会吸收大量的热量，并且辐射到水泥地面上的空间，微气候非常不好，地面附近的住宅都会受到其带来的不利影响。

笔者的观点：最好能杜绝在宅前和其他空地铺设水泥地面的现象，具体方法有如下几点。

(1) 利用屋顶或比较宽敞的阳台作为晾晒空间。

(2) 将用于晾晒的支架安设在泥土地上。

(3) 在布局紧凑的新建乡村居住区中，设置兼具晾晒功能与交流功能的公共空间。

三、窗墙比增大

由于外部环境的安全性提高，在技术允许的条件下，现代生活对于采光、通风的要求更高，窗墙比增大是新建农宅的必然趋势。但的确应该精准把关窗墙比（窗墙面积比），笔者从《夏热冬冷地区居住建筑节能设计标准》(JGJ 134—2010)中查到，北向窗墙比最大为 0.40，东向、西向窗墙比最大为 0.35，南向窗墙比最大则为 0.45，且每套房间只能允许一个房间（不分朝向）的窗墙比最大值为 0.60。

四、户型改进

当代自建农宅大都没有天井。户型由户主提出构想，开窗位置和面积、房间大小随意决定，面积利用上存在不必要的浪费。辅助空间常常位置不固定，流线混乱。

按照表 6-1 所示的功能需求，户型改进可以采取以下几种方法。

(1) 家庭结构已发生明显改变，新建住宅总面积过大，可在规划层面控制建筑层数为两层，并缩小宅基地面积。

（2）可以在农宅北侧和西侧布置一些辅助空间，这种布置方式既可以避免西晒，也可以防止冬日为满足通风需求而引进的过多寒风。

（3）为保证良好的采光与通风，将寝居空间朝南布置。

（4）北侧的采光面不应该全部布置成辅助空间，因为没有南北通透的主要房间，自然通风就很难形成，夏季又非常需要这种自然通风，故应该满足的需求是直接的穿堂风。

（5）因为靠近地面层有较重的潮气，所以主要的卧室等应该布置在二楼或以上楼层。

范式户型如图 6-2 所示。

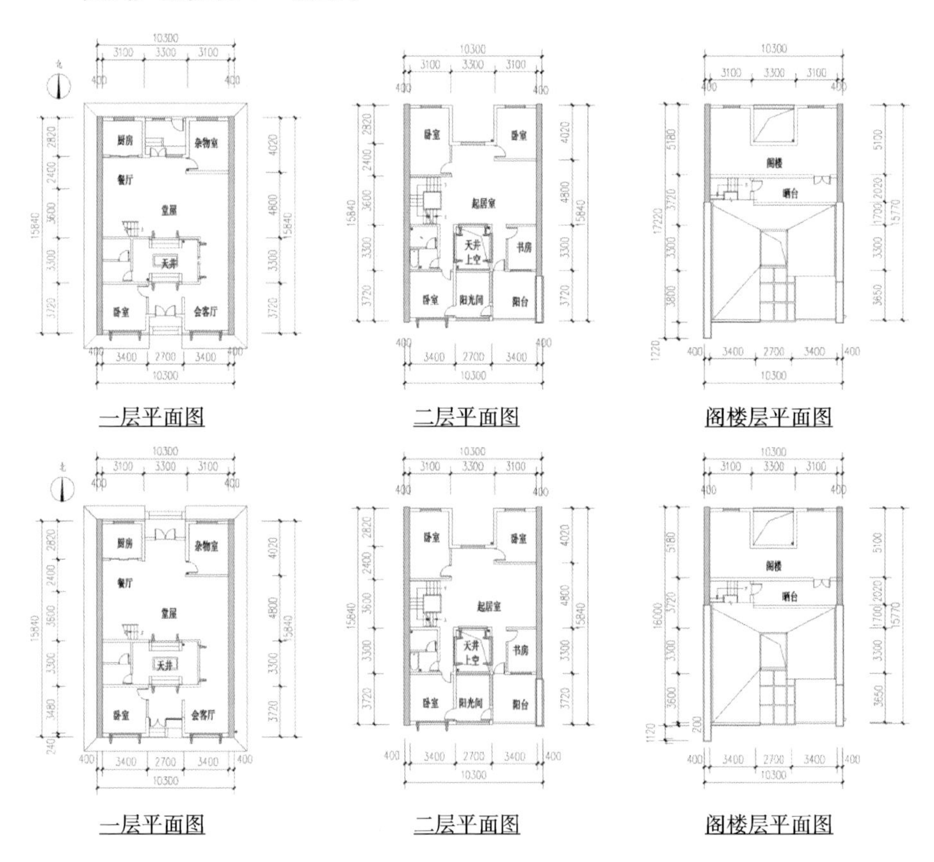

图 6-2　南入户、北入户范式平面图

（图片来源：笔者自绘）

第三节 建筑群体设计——重整体、重关系

一、朝向设计

笔者在调研中发现，一些农宅为争取临街铺面，选择住宅面宽方向平行于道路，形成东西朝向的建筑，西晒比较严重，既不能满足冬季的日照要求，也不能满足夏季的通风要求。

鄂东北地区全年主导风向为北风和偏东北风，因此对于朝向问题，夏季应避免日晒，力求通风，冬季应避免寒风，力求日照。鄂东北地区农宅最佳的朝向为正南方或者南偏东15°。适宜朝向为南偏东30°、南偏西15°，最坏的朝向为北偏东15°、西方和北方。

二、适宜层高

传统村落中针对建房高度有许多习俗，不可以两边建筑低而自己独高，只可以别人高而自己略低，但又不能过低。基于血缘，大家的住宅紧密相连，不高过别人家，不遮挡别人的阳光。古人讲究人和人、人和社会环境的和谐。

如今一些农户有了攀比之心，因为想要住宅显得宽大有气派，而将层高设置在3.6 m以上，有的甚至更高，也有超过3.9 m的住宅。哪怕家庭人口决定了不需要更多的使用面积，只要村中有人盖起3层楼，其他人也会跟风而上。这种心理造成从建筑材料到能源的浪费。相关研究表明：住宅层高从3 m降至2.7 m，将节约5％～5.5％的住宅造价，同时将使冬季的热空气停留在人的活动高度内。

所以，住宅层高不大于3 m是一种合情合理的选择。

三、风貌协调——“和而不同”

鄂东北传统村落呈现地域性统一风貌，单座建筑平面采取标准化设计，使用者根据具体的情况和使用需求，进行组合、局部的调整和改进。“单位重复使用”本身就是一种节约与经济。单体形制在变化上是有限的，院子的形状、大小、性格的变化是无限的，用这种无限的方式来指引并解决有限的约束问题。

应效仿鄂东北传统村落，单座建筑采取标准化设计，但住户可依照具体的物理条件及个性化使用需求进行小幅度的调整，建造统一，从而保证了建造材料、技艺的科学性和经济性。协调建筑风貌，保证了村落尺度上的和谐共生。

四、高密度、连续性、集约化

（一）开间上多户联排

多户联排的现有形式多为“撒芝麻”的形式，此形式占地面积大且土地利用率低，不应效仿推广。正确的组织形式应当是更为集约的联排组合：连续拼接，减少群体外墙面积，以保证较小的体形系数和较高的土地利用效率。拼接的最大长度由消防连续面的最大长度控制。

（二）进深上对拼相接

便于相互拼接的标准化平面应作为主要户型平面。为了既能方便每户人家的通车，又能控制机动车道的密度，笔者建议采用南入户和北入户的户型对拼的形式（图6-3）。两户之间的消防间距可作为内院使用，有利于控制体形系数，更加节地。

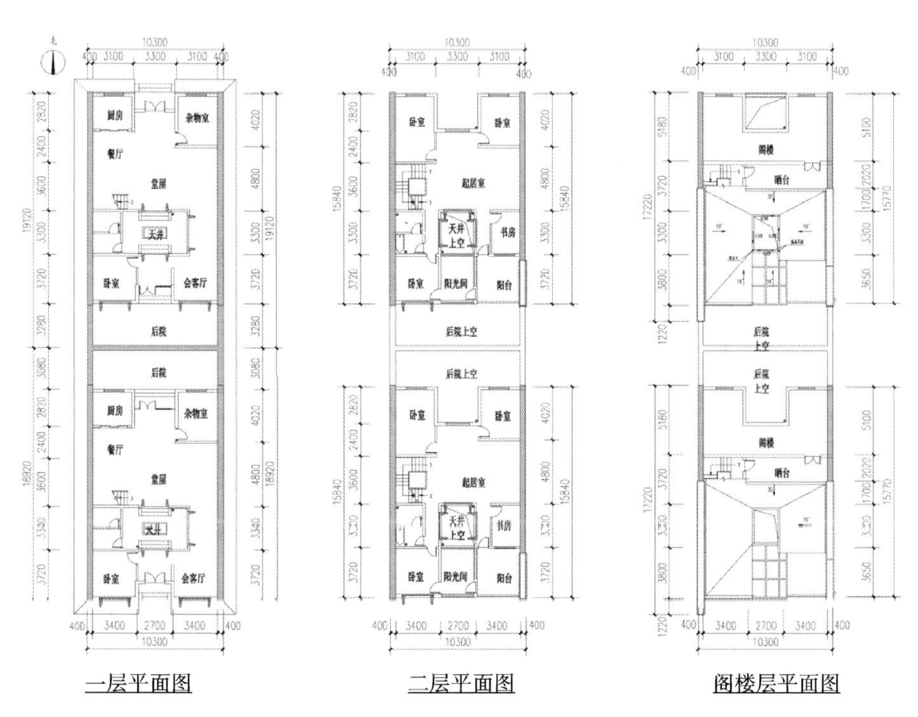

图 6-3　南入户、北入户拼接形式

（图片来源：笔者自绘）

（三）控制建筑群间距

为形成有利的巷道热环境，前排建筑与后排建筑之间的高宽比应接近传统村落巷道空间中 2.5～3 的数值。这样的间距既可以有效地控制夏季对建筑的太阳辐射，又可以提高土地利用率。

结合规范（表 6-2），新村落组团如图 6-4、图 6-5 所示，两户农宅之间最小距离为 4 m，两个农宅组团最小距离为 6 m，每个农宅组团的最大尺度为 160 m×160 m。

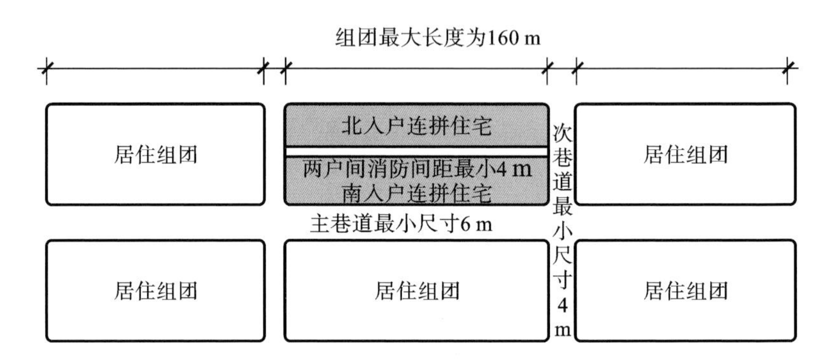

图 6-4　村落尺度

（图片来源：笔者自绘）

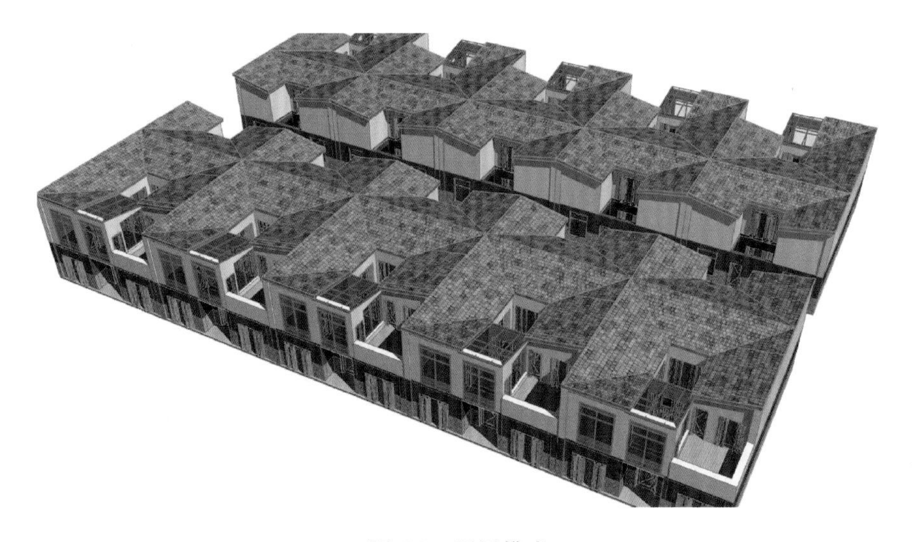

图 6-5　组团模式

（图片来源：笔者自绘）

第四节　重视小环境和小气候，重视意境美

相比于城市，村落的微气候条件和自然环境条件都具有明显的优势。将其充分利用，产生的生态收益是长久的、可持续的。

在村落边界处种植一定规模的高大乔木，以形成连续的村落边界界面，是形成村落良好微环境的重要手段。在住宅南面种落叶乔木，可遮蔽夏季太阳光强烈的照射，且不影响冬季采光。

本章首先对住宅设计的原则进行阐述，应既能继承传统村落的空间优点，又能够满足当代使用需求。接着从当代乡村的生产、生活、经济情况，陈述当代农户的农宅需要。最后，分别从单体民居、建筑群体、群体组合三个大的层面提出建筑设计空间策略，保证了村落的集约化建设，在塑造空间的同时形成良好的气候适应性。

第七章　绿色模块、户型组合与能耗模拟

第一节　设计目的、组合原则

结合本书第五章的节能模块设计、第六章的户型设计，村民可以自行选择模块和户型进行组合。本章笔者详尽介绍一种优化户型，应用绿色模块并在此基础上进行能耗模拟、范式村落的建设，设计目的是希望通过建立一种范式，促使村民理解学习模块的使用方法，并根据此方法与自身的切实需求建造适宜的住宅。为了能够对乡村住宅节能工作切实起到一定的推进作用，笔者根据不同农户的经济水平，设计相应有效的节能模块，使得每一处农宅都有“技”可循。

第二节　模拟初步准备

一、模拟软件介绍

建筑的建造和使用会对环境产生影响，建筑师不应该忽视这种影响，而应该积极面对并且高度负责。在以前，不是专门人员，是几乎无法做出能量模拟的。这意味着在一套设计的进程中，在最后阶段，建筑才会被送去进行能量模拟分析。但这样一来，模拟也就变成了一种并无实际意义的行为，它只象征着这栋建筑是通过能量分析的，而这样的分析对于控制建筑能耗几

乎没有任何作用，对设计能效也几乎没有任何影响。它唯一能起到的作用就是帮助建筑师证实结果，而在这种设计阶段，如果依靠检测成果来进行改进，则是一件极其难得的事情，并且需要非常高的花销。

ArchiCAD是Graphisoft公司开发的软件。这种软件用于创建虚拟建筑模型，现在已经在全球范围内被使用得非常普遍。建筑师可以快速利用这个软件来创建三维虚拟建筑模型。在设计进程的每一步，这个三维模型都可以进行能量分析。有了这种软件支持，能量分析便成了一种考虑的因素，而不是一个只能由专业人士主导并且需要巨大花费的工程。这样就可以用ArchiCAD来帮助建筑师结合虚拟建筑数据设计出绿色建筑，而不需要额外花费精力。

二、相关标准

《夏热冬冷地区居住建筑节能设计标准》(JGJ 134—2010)、《农村居住建筑节能设计标准》(GB/T 50824—2013)对本书所调研地区的农居具有很好的参考价值，可以为本次研究提供可靠的依据。

城市建筑是我国现阶段颁布的节能目标和强制性规范主要的控制对象。《夏热冬冷地区居住建筑节能设计标准》(JGJ 134—2010)这一套标准同样也是为城市设计提供参考的一份文件。农村住房的室温标准、节能标准与设计原则，因农民生活作息习惯及技术经济条件与城市居民不同而不可直接套用城市标准。2013年5月1日开始实施的《农村居住建筑节能设计标准》(GB/T 50824—2013)。这套标准对乡村建设、降低农村建筑能耗具有重要的现实意义。在此次研究中，参考建筑的传热系数严格按照《农村居住建筑节能设计标准》(GB/T 50824—2013)中的规定，运用《夏热冬冷地区居住建筑节能设计标准》(JGJ 134—2010)中的计算方法，对鄂东北地区乡村住房进行了模拟计算，比较与研究它们的节能效果。

1. 热工性能的判断方法

在《夏热冬冷地区居住建筑节能设计标准》(JGJ 134—2010)的规定下，

判断一个建筑热工性能的方法是"设定一个参照建筑",且被评测建筑的节能性能不得低于参照建筑。其中参照建筑外围护结构的传热系数必须按照规定性指标的各项系数限值进行选取,在与设计建筑作对比时,应在同样的环境质量和能耗指标下进行,以建筑的采暖与空调一年的耗电量作为对比依据,评判建筑的热工性能。

2. 热环境设计计算指标

《农村居住建筑节能设计标准》(GB/T 50824—2013)首先将农村地区按照气候分区划分出几个块,以下只将夏热冬冷地区列出。

位于夏热冬冷地区的农宅,其主要功能房间(卧室、起居室等)室内热环境计算参数的选取须符合以下规定。

(1) 在没有任何采暖设施和空调的情况下,冬季室内温度为 8 ℃,夏季室内温度不应高于 30 ℃。

(2) 在冬季时,房间换气次数为 1 次/h,夏季时换气次数为 5 次/h。

3. 热工设计指标

《农村居住建筑节能设计标准》(GB/T 50824—2013)规定了夏热冬冷地区农村住宅围护结构各部分的传热系数,具体数值如表 7-1 所示。

表 7-1 农村住宅围护结构传热系数

建筑气候区分	围护结构部位的传热系数/[W/(m^2·K)]				
	外墙	屋面	户门	外窗	
				卧室、起居室	厨房、卫生间、储藏间
夏热冬冷地区	$K \leqslant 1.8$	$K \leqslant 1.0$	$K \leqslant 3.0$	$K \leqslant 3.2$	$K \leqslant 4.7$

(资料来源:《农村居住建筑节能设计标准》(GB/T 50824—2013))

第三节　参照建筑与空间改进范例的选用与模拟

一、参照建筑与空间改进范例的选用

选用本书第六章的范式户型作为模拟对象（图 7-1）。参考《夏热冬冷地区居住建筑节能设计标准》（JGJ 134—2010）的计算方法，建立与参照建筑完全相同的模型并进行计算。依据《农村居住建筑节能设计标准》（GB/T 50824—2013）中的规定（表 7-1），参照建筑的各外围护结构传热系数全部被设置为限值。

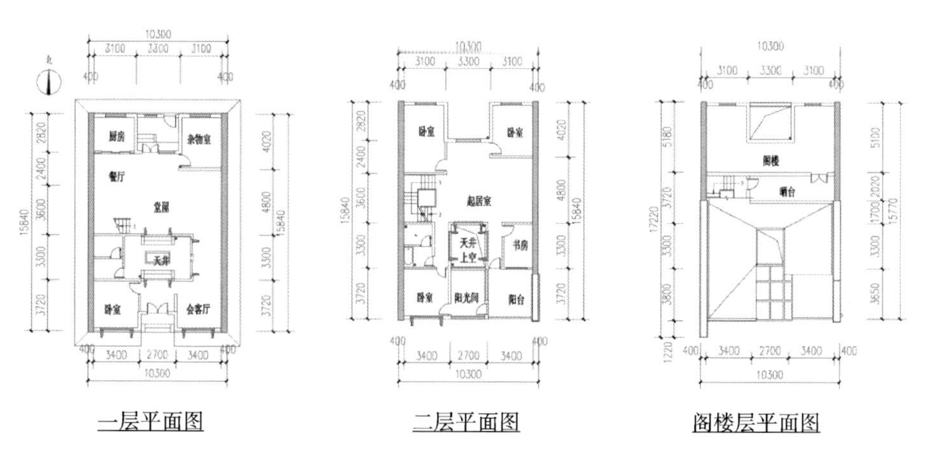

图 7-1　范例平面图

（图片来源：笔者自绘）

所调研的农村住宅建筑围护结构的现状做法如表 7-2 所示，改进范例的基础模型将选用这些构造做法。按照标准中的规定，将改进的范例按体形系数设置传热面积，而其他多余的面积均设置为绝热面积。

表 7-2　围护结构的现状做法

构件名称	构造做法	传热系数 /[W/(m² · K)]	热阻 /[(m² · K)/W]	单价 /(元/m²)
屋顶	25 mm 水泥砂浆＋5 mm 沥青油毡＋100 mm 钢筋混凝土＋25 mm 水泥砂浆	3.366	0.139	150
楼板	25 mm 水泥砂浆＋100 mm 钢筋混凝土＋25 mm 水泥砂浆	9.44	0.097	160
外墙	25 mm 水泥砂浆＋240 mm 空心砖＋25 mm 水泥砂浆	1.73	0.366	150
外窗	6 mm 单玻窗	5.7	—	215

（资料来源：笔者整理，数据来自 ArchiCAD）

二、参照建筑与空间改进范例的模拟

参照建筑与改进范例的基础建筑能耗模拟结果如表 7-3、表 7-4 所示。

表 7-3　参照建筑能耗模拟结果

项目统计	单位	统计值
总计地板面积	m^2	158.97
二氧化碳排放	kg/(m² · 年)	11.04
能量消耗	kW · h/(m² · 年)	51.92
能源成本	元/年	3759

（资料来源：笔者整理，数据来自 ArchiCAD）

表 7-4　改进范例的基础建筑能耗模拟结果

项目统计	单位	统计值
总计地板面积	m^2	158.97
二氧化碳排放	kg/(m^2·年)	12.15
能量消耗	kW·h/(m^2·年)	71.86
能源成本	元/年	4139

（资料来源：笔者整理，数据来自 ArchiCAD）

对比两个表格的数据可以得出：空间改进范例与参照建筑相比，其能耗依旧较高，未达到《农村居住建筑节能设计标准》(GB/T 50824—2013)的最低标准。下面将对建筑围护结构的构造及材料进行改进，并对其进行模拟，对比节能效果。

第四节　材料选取与构造设计及其模拟

一、围护结构的设计策略

根据本书第五章笔者提出的围护结构节能设计模块，结合实际情况给出造价。以期综合考虑节能围护结构模块的节能性和经济性。节能围护结构模块选用如表 7-5 所示。

表 7-5　节能围护结构模块选用

构件名称	构造方式(外侧至内侧)	传热系数 /[W/(m^2·K)]	热阻 /[(m^2·K)/W]	单价 /(元/m^2)
屋顶(1)	25 mm 水泥砂浆＋50 mm 憎水膨胀珍珠岩保温板＋5 mm 沥青油毡＋100 mm 钢筋混凝土预制板＋20 mm 水泥砂浆	0.79	1.27	260

续表

构件名称	构造方式(外侧至内侧)	传热系数/[W/(m^2·K)]	热阻/[(m^2·K)/W]	单价/(元/m^2)
屋顶(2)	40 mm 钢筋混凝土板+180 mm 流动空气层+5 mm 沥青油毡+50 mm 膨胀珍珠岩保温板+20 mm 水泥砂浆+100 mm 钢筋混凝土预制板	0.54	1.87	350
外墙(1)	25 mm 水泥砂浆+30 mm 膨胀珍珠岩保温板+240 空心砖+20 mm 水泥砂浆	0.63	1.59	200
外墙(2)	25 mm 水泥砂浆+120 mm 非黏土实心砖+50 mm 秸秆+120 非黏土实心砖+20 mm 水泥砂浆	0.60	1.67	180
外墙(3)	25 mm 水泥砂浆+120 mm 非黏土实心砖+120 mm 可控空气层+120 mm 非黏土实心砖+20 mm 水泥砂浆	0.61	1.64	170
外窗(1)	普通中空玻璃	2.9	—	350
外窗(2)	镀 Low-E 膜中空玻璃	2.4	—	500

(资料来源:笔者整理,数据来自 ArchiCAD)

二、模拟结果比较分析

笔者将上述优化后的构件逐个安置到以空间改进范例作为基础模型的建筑中进行模拟计算,得出每一个构件带来的节能影响。各个节能模块的节能率如表 7-6 所示。

表 7-6 各节能模块的节能率

各构件选用	能量消耗/[kW·h/(m²·年)]	节能率/(%)
基础模型	71.86	—
参照模型	51.88	27
屋顶(1)	43.77	39
屋顶(2)	43.25	41
外墙(1)	54.47	24
外墙(2)	54.45	24
外墙(3)	54.45	24
外窗(1)	56.48	21
外窗(2)	56.88	20

(资料来源:笔者整理,数据来自 ArchiCAD)

分析建筑能耗数据,围护结构模块具有以下特征。

改良之后的屋顶可以实现较好的节能效果,要达到参照建筑的节能能力,单使用屋顶围护就已经达标。

屋顶(1):在屋面板上铺设保温层,采用倒置式,选用方便获取的保温材料,保温隔热性能较好。屋顶(2):为具有保温层的架空隔热屋面,兼顾保温与防热,具有优良的热工性能,也不影响晾晒。

外墙(1):膨胀珍珠岩外保温材料取自于当地,拥有良好的保温隔热性能、较小的传热系数,能有效防止热量流失。外墙(2):夹芯保温层使用了秸秆这种在农村非常常见的材料,其取材方便、价格低廉,却可以达到较好的保温效果。外墙(3):通风墙体的保温效果与外墙(2)相似,其用料较少,造价低廉,可以供经济水平一般的家庭选用。

外窗(1):采用的是中空玻璃,外窗的传热系数较之前明显降低,已具备相当的保温能力,保温性能比单层玻璃有较大提高。外窗(2):镀 Low-E 膜中空玻璃可以阻隔一部分日照辐射,对夏季防热起一定作用,但冬季也会带来较大的热负荷。

第五节　围护结构的组合策略与模拟计算

根据上述模拟结果可以看出，除屋顶构件外，改变其他单一构件并无法满足节能需要。本节将针对以上的围护结构，以节能性为原则进行组合，最终得出各方案的节能率。一般情况下，相较于能耗问题，农民更关注的是住房的投资成本，在考虑节能性的同时也要考虑经济性，以期各经济水平的农宅都可以达到节能目标。

一、围护结构的组合策略

为了得到一个相对平衡的结果，综合考虑围护构件的节能性与经济性，对构件进行排列组合，笔者从中选取出了适用于不同经济水平的围护结构组合方案（表 7-7）。

表 7-7　围护结构组合方案

方案名称	组合方式	单方造价/(元/m^2)
方案Ⅰ	屋顶(1)+外墙(3)	505
方案Ⅱ	屋顶(1)+外墙(2)	518
方案Ⅲ	屋顶(1)+外墙(1)+外窗(1)	557
方案Ⅳ	屋顶(2)+外墙(2)+外窗(1)	532
方案Ⅴ	屋顶(2)+外墙(1)+外窗(2)	608

(资料来源:笔者自绘)

二、组合方案冷热负荷模拟

各模块组合方案全年总能耗及节能率如表 7-8 所示。

表 7-8 各模块组合方案全年总能耗及节能率

方案名称	组合方式	能量消耗/[kW·h/(m^2·年)]	节能率/(%)
基础模型	—	71.86	—
参照模型	—	51.88	27
方案Ⅰ	屋顶(1)+外墙(3)	43.35	38
方案Ⅱ	屋顶(1)+外墙(2)	43.34	38
方案Ⅲ	屋顶(1)+外墙(1)+外窗(1)	43.06	40
方案Ⅳ	屋顶(2)+外墙(2)+外窗(1)	42.98	42
方案Ⅴ	屋顶(2)+外墙(1)+外窗(2)	42.93	43

(资料来源:笔者整理,数据来自 ArchiCAD)

从模拟结果可以看出,各方案都可以达到参照建筑模型的要求。

方案Ⅰ具有低造价的优势,在墙体构造中仅使用中空砖墙,而不另外设置保温层来取得一定防热保温的效果。这样的构造既能被经济水平有限的农户所接受,又能够达到参照建筑的节能要求。

其中,方案Ⅲ和方案Ⅴ模型在保温层都使用了膨胀珍珠岩,其保温隔热能力显而易见。如果建筑的屋顶与外墙都使用了这种材料,则建筑热工性能会大幅提高。鄂东北地区盛产膨胀珍珠岩,易取得性是其十分明显的优势。而方案Ⅴ为了阻挡夏季日照,将镀 Low-E 膜中空玻璃作为外窗构件,节能效果最为明显。但是,上述两个方案的造价都较高,方案Ⅲ得到推广的可能性远大于方案Ⅴ。镀 Low-E 膜中空玻璃在夏季可阻挡太阳辐射,但也会对冬季制暖带来负荷。

方案Ⅱ与方案Ⅳ均采用秸秆作为夹芯保温材料,采用了中空玻璃的方案Ⅳ更好。笔者认为这两个方案可以大范围推广采用。如果住户经济条件比较好,则最好用方案Ⅳ,可以采用普通的中空玻璃,有效提高室内舒适度,也能更加节能。

本章节应用第六章设计的空间改进范例,以《夏热冬冷地区居住建筑节

能设计标准》(JGJ 134—2010)的计算方法、《农村居住建筑节能设计标准》(GB/T 50824—2013)热工性能指标为标准设计参照模型及基础模型,并以经济性、材料易取性、节能性为原则,设计出五种节能组合方案,计算出每种类型的节能率及经济造价,可满足鄂东北各个经济水平的农宅建设需求。

第八章　结　　语

第一节　研究内容

本书研究的目的是对夏热冬冷地区的乡村住宅提出一些可参考的节能策略。根据调研所了解的鄂东北地区村落的气候特点及经济水平，总结现状并归纳问题。从传统村落中寻找低技、低价、适宜的地域性气候应对策略并阐明其中的原理。对该地区当代乡村住宅进行设计：①传统空间特征与当代生活需要结合；②传统民居营建经验与当代绿色技术优势结合，③各项技术协同考虑并与建筑空间一体化，进行绿色模块设计；④依照经济水平对建筑材料与构造技术进行开放性选取；⑤综合以上策略提出多种可选的组合方案，对其节能效果进行模拟计算。最终，在夏热冬冷地区乡村住宅的节能设计中，本书能起到一定的参考作用。

第二节　研究成果

对鄂东北传统村落的长期实地考察，促使了笔者对其气候适应性的研究探讨。经过与当代自建农宅的对比，得出了鄂东北传统民居在构造特点、空间特征、村落选址三方面与气候适应性的关联性。在此基础上，开展了对鄂东北地区新村落范式的研究，在构造上结合工业体系和传统材料、做法，在户型上继承传统村落气候适应性空间，并融入当代功能需求，最终形成继承传统，具有构造低价、适宜，具有空间集约化优势的新村落范式。

笔者对鄂东北传统村落的气候适应性开展了研究并得到以下结论。

(1) 单体民居并非直接暴露于自然环境，而是存在于村落环境之中。村落环境可分为七个层次：①室内热环境；②建筑围护结构；③天井热环境；④街巷热环境；⑤风水塘、风水林微气候；⑥山体、农田小气候；⑦大气候。不可以只研究单体民居室内环境，村落环境同样重要。

(2) 研究鄂东北传统村落的材料与构造系统，并将其与当代自建农宅的构造选材、节能效果进行对比。发现传统民居构造具有低价、易取、节能效果良好的特点。根据太阳辐射情况的不同而区别对待：将厚重型、高热质量围护材料用在高遮阳率的构件上（如外墙），将轻薄型、低热质量围护材料用在低遮阳率的构件上（如屋顶），给当下的现代节能体系开辟了一条新的道路。

(3) 通过当代自建村落和传统农宅的系统对比，总结出了传统农宅的构成特征——内天井，住宅群的高密度、高连续，巷道的高宽比，山体、风水林等环抱村落形成围合的连续界面。本书笔者认为，村落微气候系统是由农宅形成的人工环境与周边的自然环境共同构建而成的，两者的共同作用是村落产生气候适应性的关键。

本书从第五章开始，应用前文得出的结论，开展了对鄂东北地区新村落范式的研究。

(1) 采用模块化的方法，整合技术与设计。首先，提炼具有地域气候适应性的鄂东北民居构造做法，并选择其中重要的局部，形成地域性绿色建筑模块，例如外墙模块、屋顶模块、晾晒空间。这些模块是将各项适合当代乡村使用的绿色技术协同考虑并与建筑空间一体化的结果，秉承开放性的建造原则，在建造体系的选取上，结合工业体系和乡土体系。使用乡土材料，吸取传统经验和现代工业节能技术的优点。依照经济水平对建筑材料与构造技术策略提出多种可选的综合方案，并借助 BIM 模型库供村民进行开放性选取。

(2) 在研究了鄂东北传统村落的空间与气候适应性后，笔者又对新村落的范式再生进行了探讨。研究的目的是寻求一种节能可行又满足当代农宅

需求的村落范本。笔者依据这样的原则生成部分模块化的户型，再适当加以表现渲染，借助住房和城乡建设厅举办的荆楚民居设计示范展示活动，把这些户型(附录B)推广到本地的多个乡村。

历经实践考验的经验智慧与理论思考得到知识技术，是当下建设一个良好村落的根本。笔者在对比了传统与当代村落在物理系统上的差别后，总结出两者的优点与缺陷，并尝试将两者取长补短，提出了一种适合在鄂东北村落普及的新绿色村落范式。

第三节 研究意义

(一) 乡村住宅节能减排意义

我国乡村住宅占我国建筑总面积的较高比例，这就使解决乡村住宅节能问题变得很重要，特别是对我国节能减排指标的完成尤为重要。乡村住宅没有节能控制，再加上分布密度比较低的特点，能源消耗将会越来越大。

村落的发展因技术传承的断层、独立设计和针对性技术的稀缺，只能粗略效仿城市。但建筑建造环境的固有差异、农民的经济发展水平决定了需要将传统村落积累的低技、适宜的经验和智慧，与来自现代城市系统的知识和技术结合。

(二) 节能技术协同考虑并与多样化建筑空间整合

据调查，我国现有的乡村住宅主要凭房主的经验，参考别人的住宅组织自建，因此做出好的范式非常重要。本书基于对鄂东北地区乡村住宅的调研，针对朝向、层高、功能布局等进行改进，提出切实可行的户型设计原则，供村民参考。从学科交叉的角度强调整合技术与设计，将各项技术协同考虑并与建筑空间一体化。核心是低价、高效、可变化的集成式的绿色模块设计，并与地域性、乡土材料结合，以低价、技术适宜、易于推广、满足舒适性为目标。同时，针对新建和既有住宅的不同需要，提出开放式、模块化的设计策略，使得户型的变化更加灵活。

（三）现代体系与乡土体系的结合

现代建筑体系具有标准化、高效率的特点，并且几乎完全替代了乡土建造体系，然而各村落分散布局决定了农民建房对建材、技术的需求相对分散，普通农民与城市居民相比，面对的很可能是种类不全、质量无保证、价格高的建材市场，不能满足农民的生产、生活需要。相反，传统方法建造的乡村住宅具有十分突出的地域性特征，其材料构造与建造经验都包含了对当地气候的正确反映。诸如广泛使用当地盛产的石材、木材、竹材，皆具有取材方便、易于加工的特点，更兼有良好的热工性能，且都为可重复利用、可再生、可降解的材料。将这些材料通过合理的构造设计运用于当代的农宅设计中，既能提高农宅的室内热舒适度，又能做到节能、节省造价。

第四节　研究不足

笔者对村落物理环境实测的不足，导致一些研究难以量化，影响本书的研究精确性。即使笔者在调研中有真切体验，也稍有难以立足之嫌，在未来的研究中，笔者将补足这方面的缺失。

本书着重的探讨模块化方法、集约型空间，需要在项目中实际应用，并在建成后对实际效果进行实测，从中总结经验。提出的村落范式模型，需要在设计实践中进行发展和验证。

第五节　展　　望

传统建造技术的获取，并非来自冗长的理论探讨，而是来自真真切切的

实践。传统建造技术经过历史的淘汰选择与自身的改良进化，其内涵永远值得后人沉溺其中而不倦地探索与思考。有些传统建造技术并没有清晰明了的理论支撑，其基础是前人不断的实践总结。在当代严谨的科学环境下，这样的情况使得传统建造技术遇到了传播、发展和应用方面的阻挠。对比传统村落的低技、低价与现代技术的高技、高价，我们很容易理解两者在物理环境改善的可靠性、可控性方面孰优孰劣。

传统住宅与现代建筑不同，并没有高新的设备和隔热材料，而是如同中医调理人体一般，通过组织调和整体空间系统来实现其气候适应性。这种经济易行的方式能够较好地适应乡村地区的经济、技术水平。这对于我国广大经济欠发达的乡村地区来说，还是具有广泛现实意义的。同时传统技术思路与现代技术体系的思路有明显不同，可以作为当代技术体系的补充，起到拓展思维、启发思路、丰富方法的作用。

附　　录

附录 A　鄂东北绿色乡村住宅户型展示

表 A-1　绿色乡村住宅户型

绿色乡村住宅 1 号(设计:宋敏哲、雷雨辰)			
平面	立面	立、剖面	效果图
  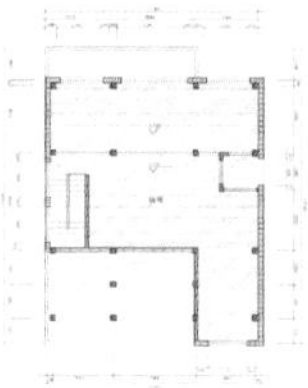	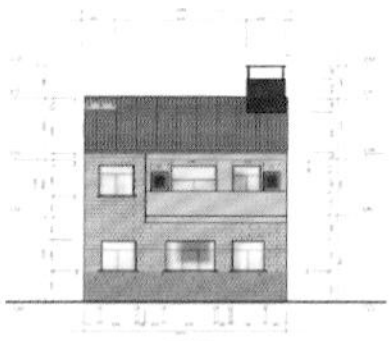  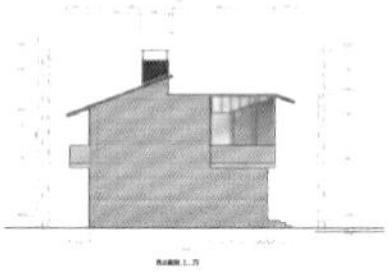	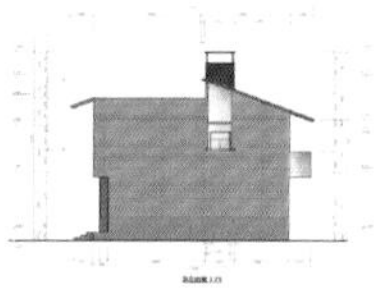 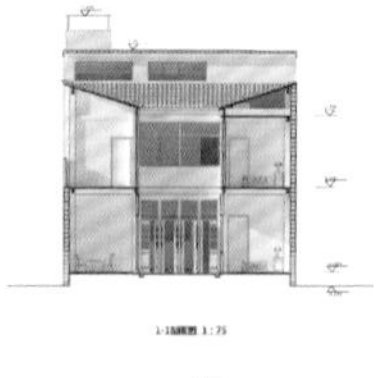 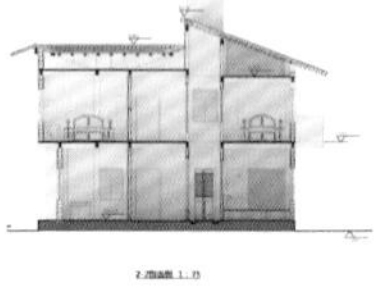	 

续表

绿色乡村住宅2号(设计:聂天禅、王宇杨)

平面	立面	剖面	效果图
 	 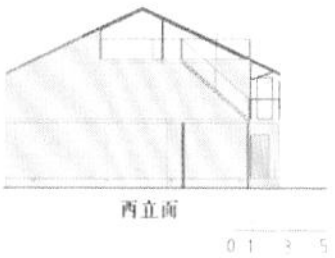	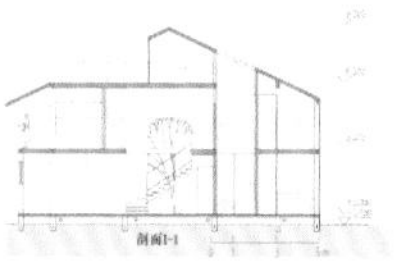 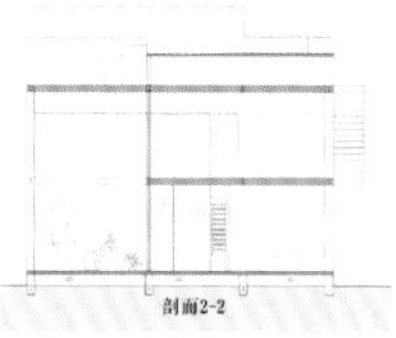	 

绿色乡村住宅3号(设计:高睿敏、罗伊)

平面	立面	剖面	效果图
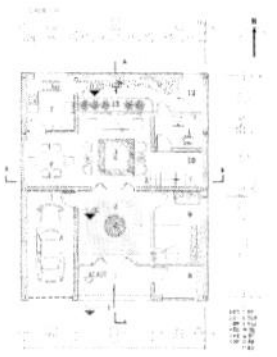 	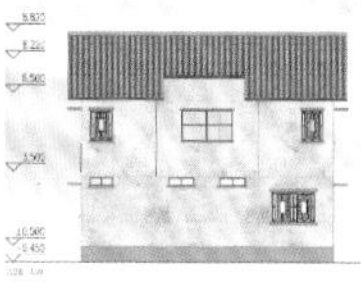 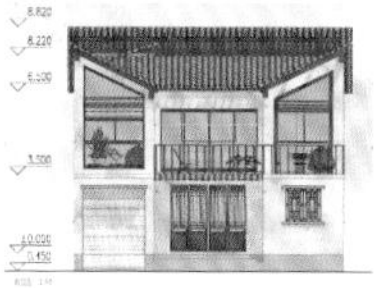	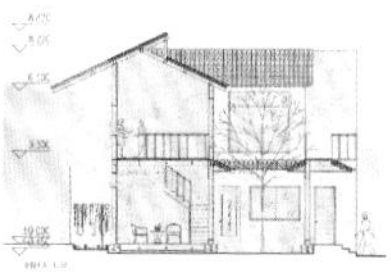 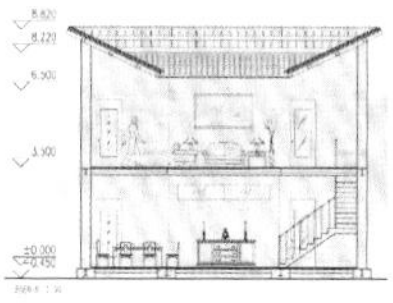	 

续表

绿色乡村住宅 4 号（设计：黄杰、郑远伟）			
平面	立面	立、剖面	效果图
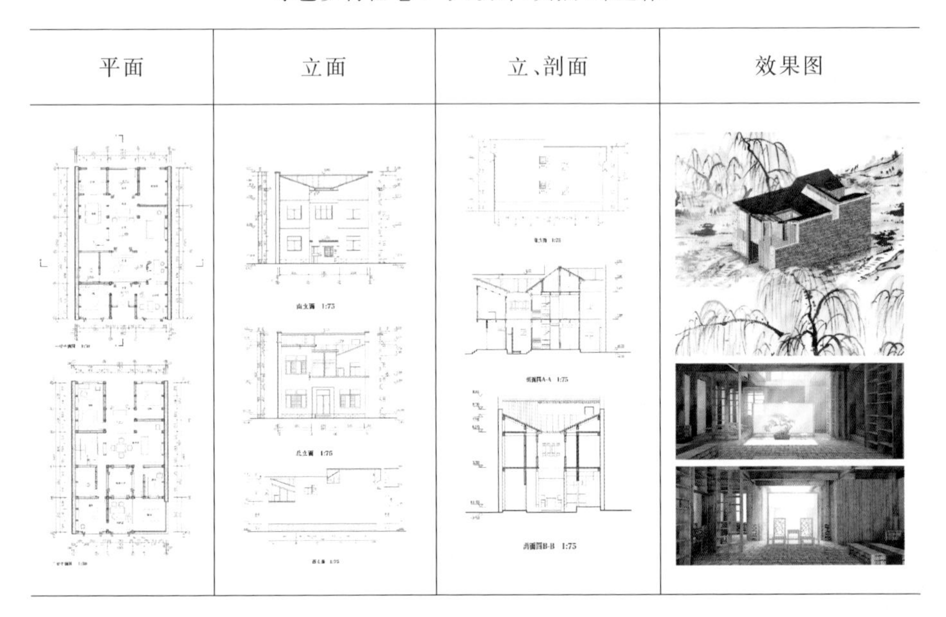			
绿色乡村住宅 5 号（设计：王宗乾、陈可臻、蓝利贞）			
平面	立面	剖面	效果图
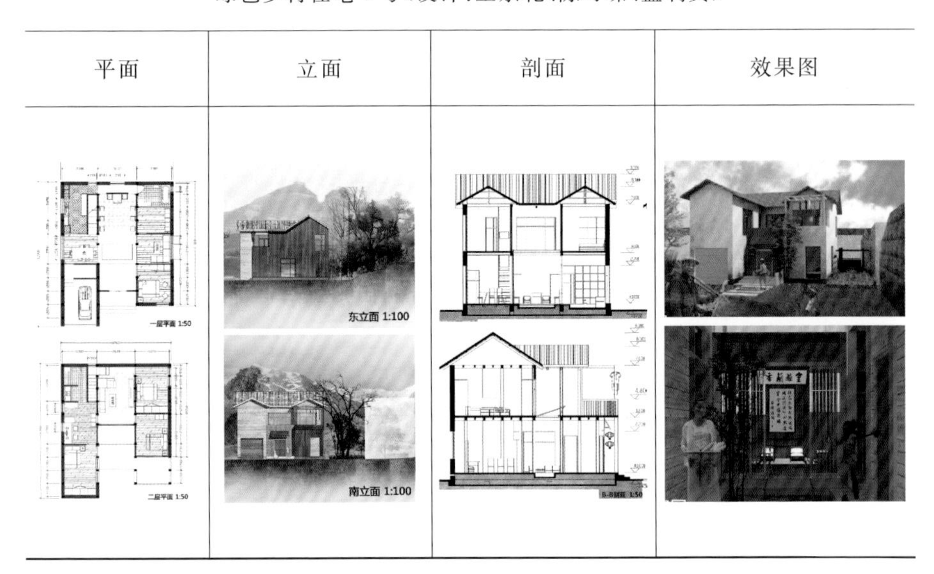			

续表

绿色乡村住宅 6 号(设计:廖帅、孔繁一、胡晓姮)			
平面	立面	剖面	效果图

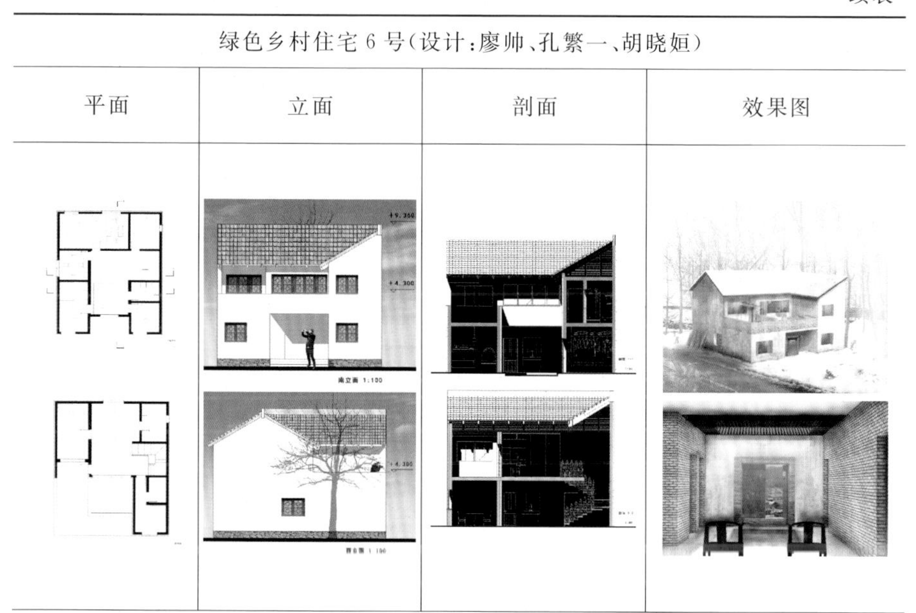

绿色乡村住宅 7 号(设计:秦雪川、王昭晅)			
平面	立面	剖面	效果图

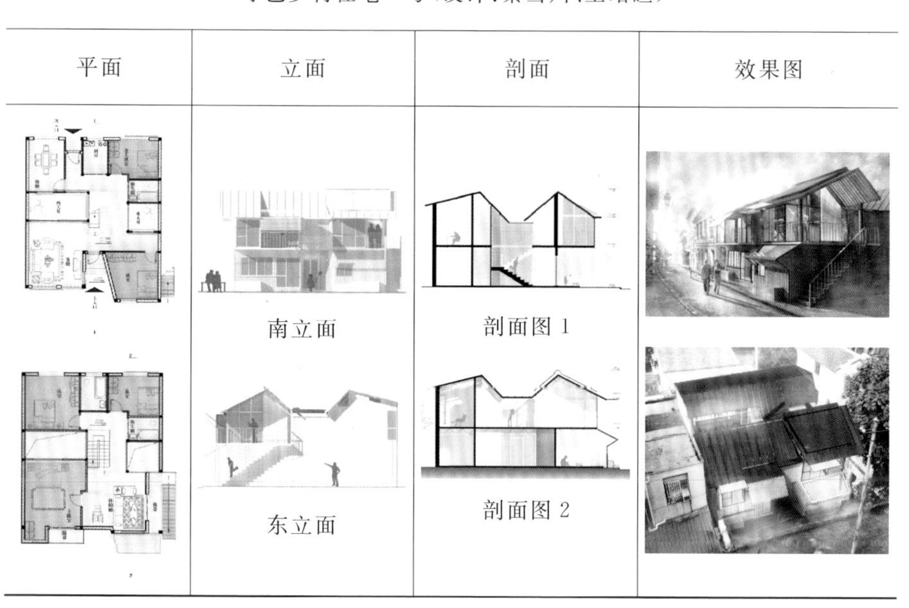

南立面　剖面图 1

东立面　剖面图 2

续表

绿色乡村住宅 8 号（设计：石乐林、陈伯劼）

平面	气候适应策略	剖透视	效果图

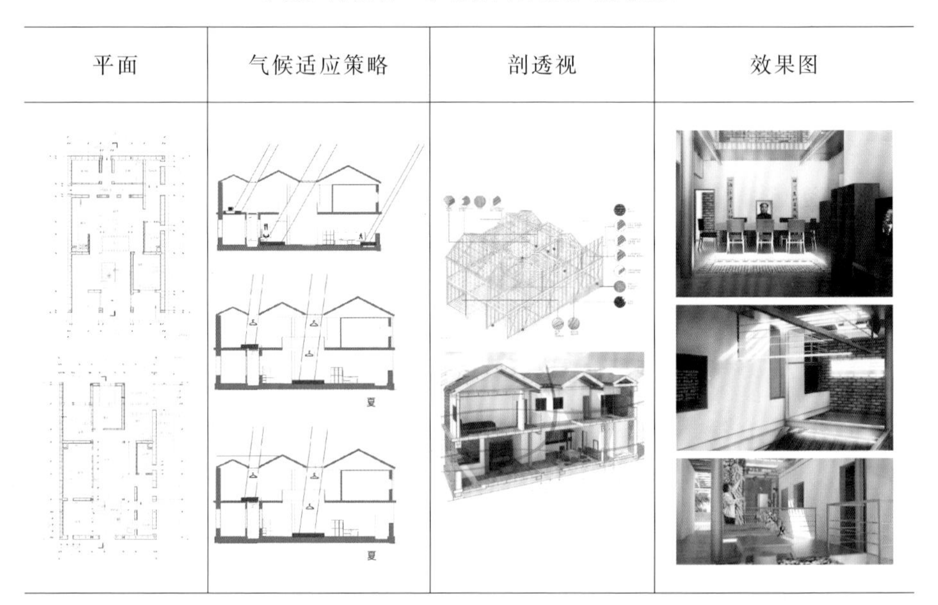

绿色乡村住宅 9 号（设计：肖莹婧）

平面	立面	剖面	效果图

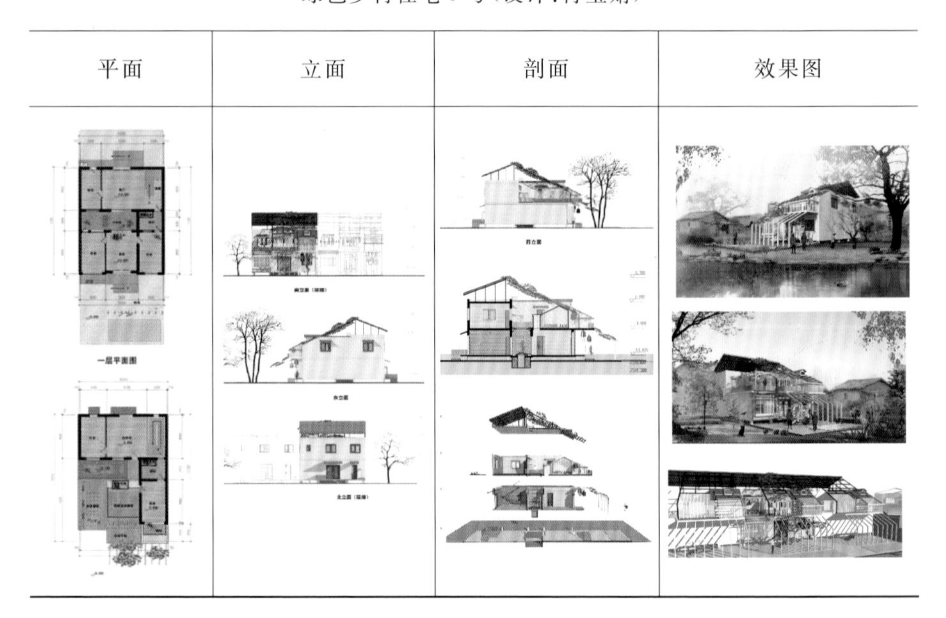

续表

绿色乡村住宅10号(设计:张立名、凌强)

平面	立面	剖面	效果图
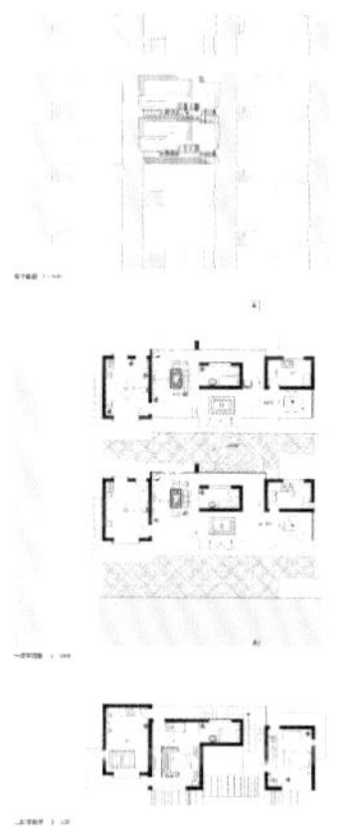	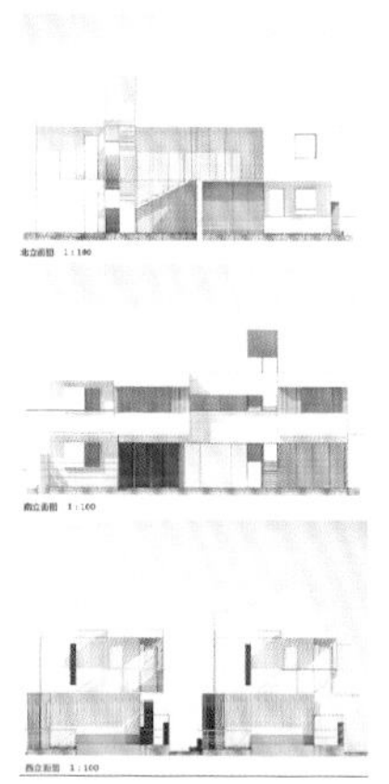	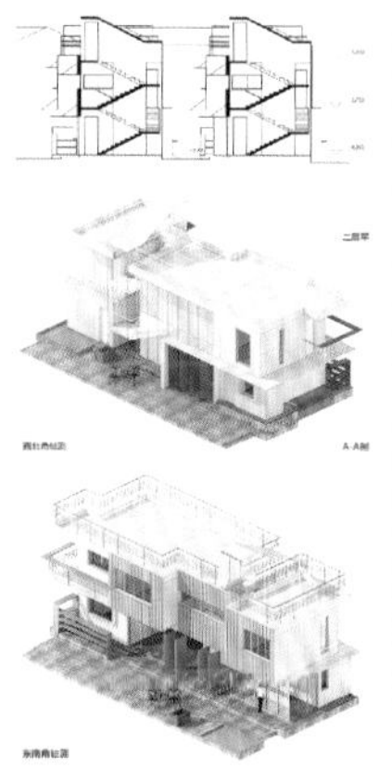	

附录 B　鄂东北传统天井式合院

1. 围合式天井院(表 B-1)

鄂东北传统民居最基本的居住单元是围合式的天井院，通常包括槽门、天井、面向天井的厅堂、厅堂两边的房间(耳房)、天井两侧的厢房以及联系这些房舍的廊道等要素，在厢房的另一侧常常还辟有小天井，用于解决厢房和正屋梢间的通风和采光问题。因此，一个围合式天井院通常由一个主天井及两个小天井组合而成，这是天井院的基本组成形式，“一正两厢房，四水落丹池”，是鄂民居中的精品，有较高的建筑研究价值和考古价值。

表 B-1　围合式天井院

户型	轴线	交通联系	天井比例
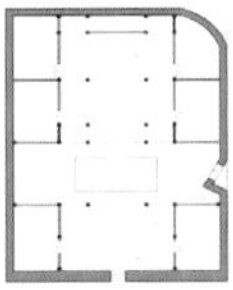 罗家岗村 2 号宅	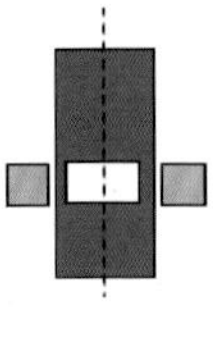	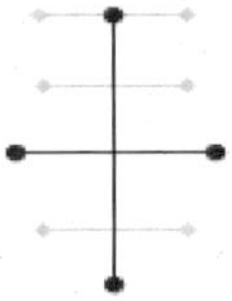	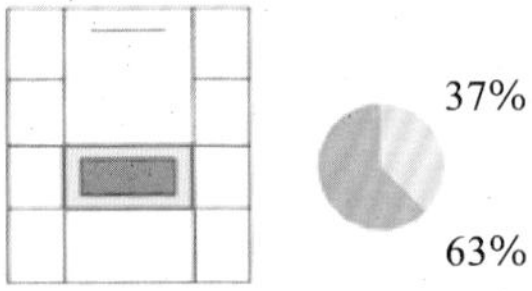 37% 63% 罗家岗村 2 号宅
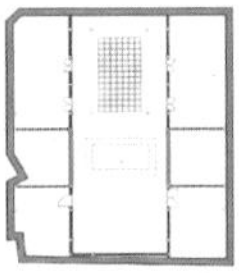 罗家岗村 1 号宅	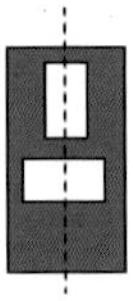	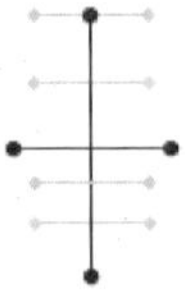	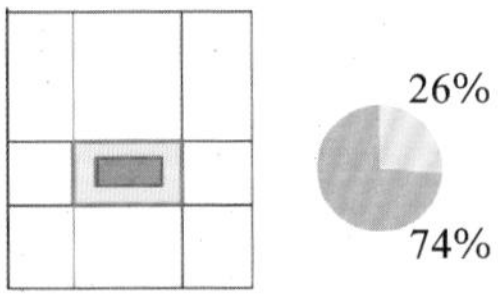 26% 74% 罗家岗村 1 号宅

续表

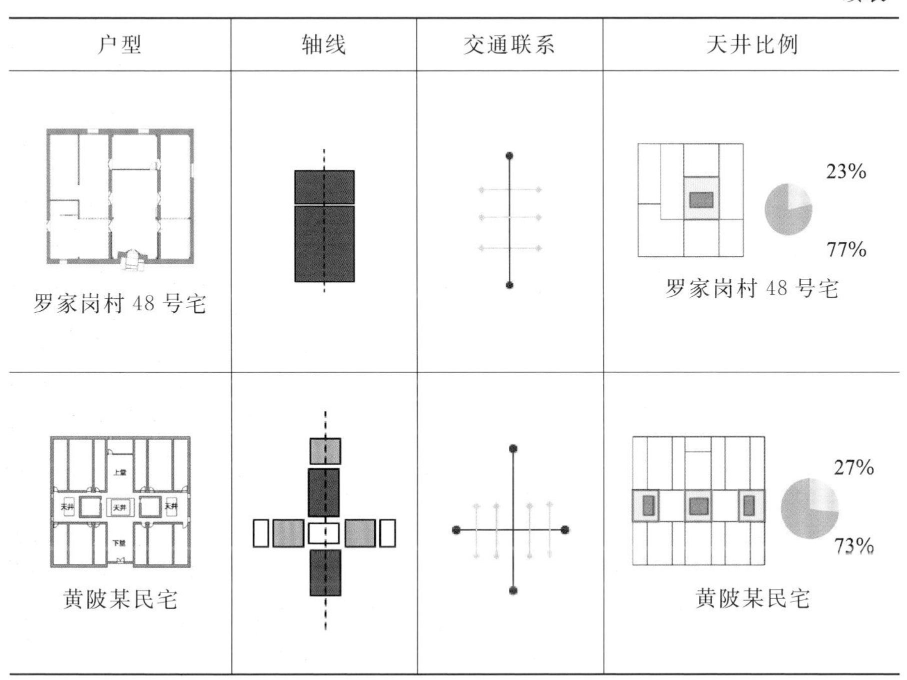

（图片来源：项目组绘制）

2. 灵活式天井院（表 B-2）

由于建筑用地有限等多种原因，传统民居多不能随心所欲地铺开建造。平面轮廓多为不规整型，院落形制上也呈半围合或三面围合形式，设计出一个个满足人生活所需的活的空间。

表 B-2　灵活式天井院

户型	轴线	交通联系	天井比例
罗家岗村 3 号宅			21% 79% 罗家岗村 3 号宅

续表

户型	轴线	交通联系	天井比例
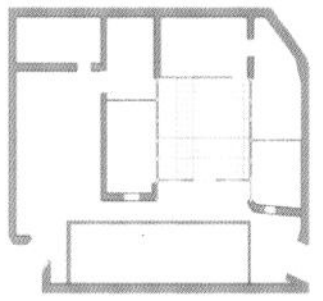 罗家岗村148号宅	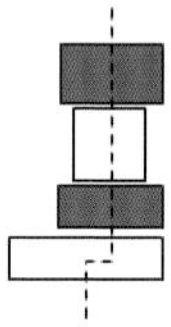	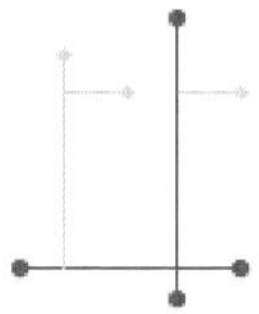	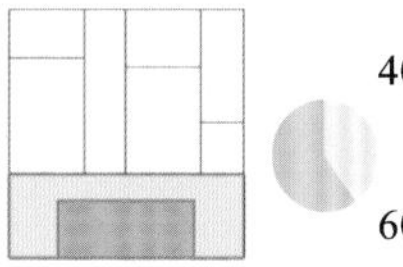 40% 60% 罗家岗村148号宅
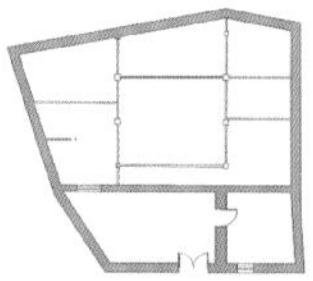 罗家岗村无名宅	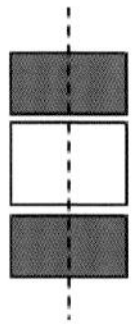		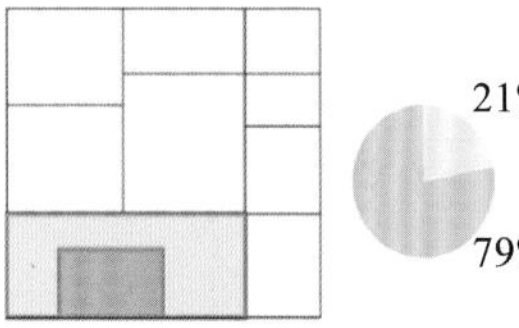 21% 79% 罗家岗村无名宅

（图片来源：项目组绘制）

3. 街巷式天井院（表B-3）

因经常受到流寇的侵扰，富贵人家的建筑组团布局出现了极强的防御性。在围合式天井院的基础上，规模较大的宅地由多组天井院横向或纵向连接，构成颇具气势与规模的灵活的街巷式天井院——“大屋”。例如谢家院子、大胡楼印子屋。每一个天井院对巷道开门而不对公共街巷开门，这种组团关系对于村落研究极具价值。

表B-3 街巷式天井院

户型	轴线	交通联系	天井比例
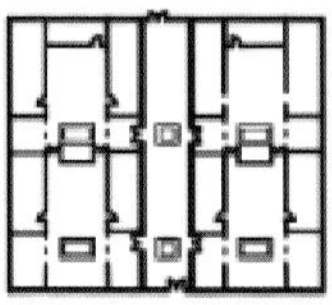 大胡楼 印子屋	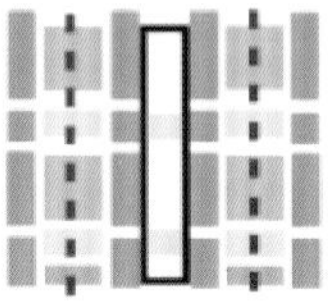	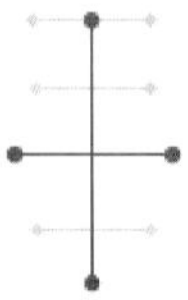	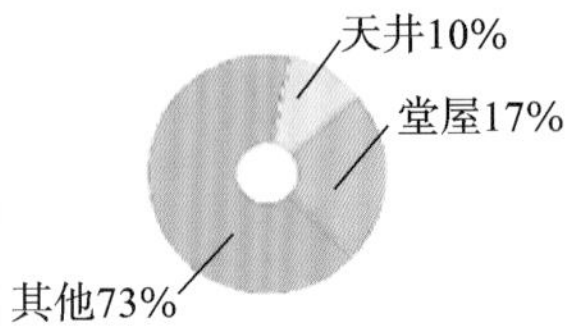 天井10% 堂屋17% 其他73%

续表

户型	轴线	交通联系	天井比例
谢家院子			天井15% 堂屋24% 其他61%

（图片来源：项目组绘制）

附录C　鄂东北地区民居风貌总结

表C-1　鄂东北地区民居风貌总结

槽门：民居的入口进行一定程度的退让形成一个休憩的空间，槽门两侧有造型丰富的马头墙	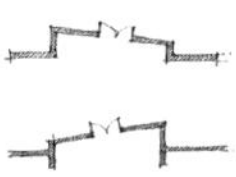	
弯水：出于对风水的考虑，正门不对大街，有一定偏角，从而形成丰富多彩的入口空间，极具特色	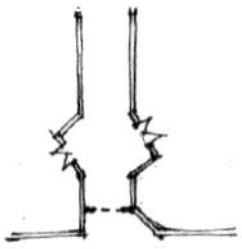	
小马头墙：马头墙尺度较小，脊线略有弯曲，利用瓦片在不同的位置堆叠出不同的装饰，独具地方特色	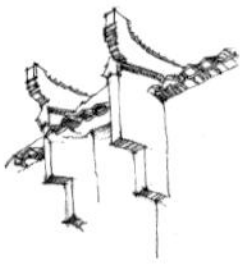	

续表

短出檐：石头建筑出檐小，砖石砌出一个短小的叠涩，区别于其他南方木构民居大而深的挑檐	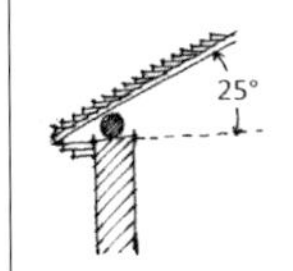	   
小天井：区别于北方民居的大院，本地民居天井小而精致，沿着纵深可以布置多个天井	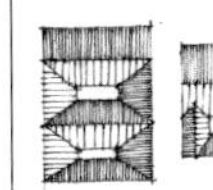	   
坡屋顶：本地民居坡屋顶多采用五举，坡度约为 25°，前后不对称，前坡较短，后坡较长	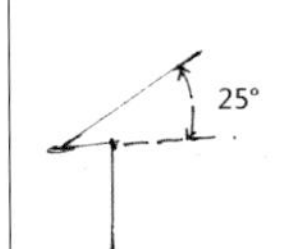	  

附录 D　鄂东北地区民居实例

罗家岗村

屋顶

小马头墙

石屋

● 凉巷

● 王家河镇 048 号宅：清代民居

● 石村

罗氏祖宅：一门五家，保存完整

风水古桥

罗家祠堂

翁杨冲

石巷 1

石巷 2

石巷 3

石屋 1

石屋 2

石屋 3

石屋 4

石屋 5

传统的砖石堆砌方式

翁杨冲的白墙黛瓦

张家湾

石屋正立面

碑刻

石屋

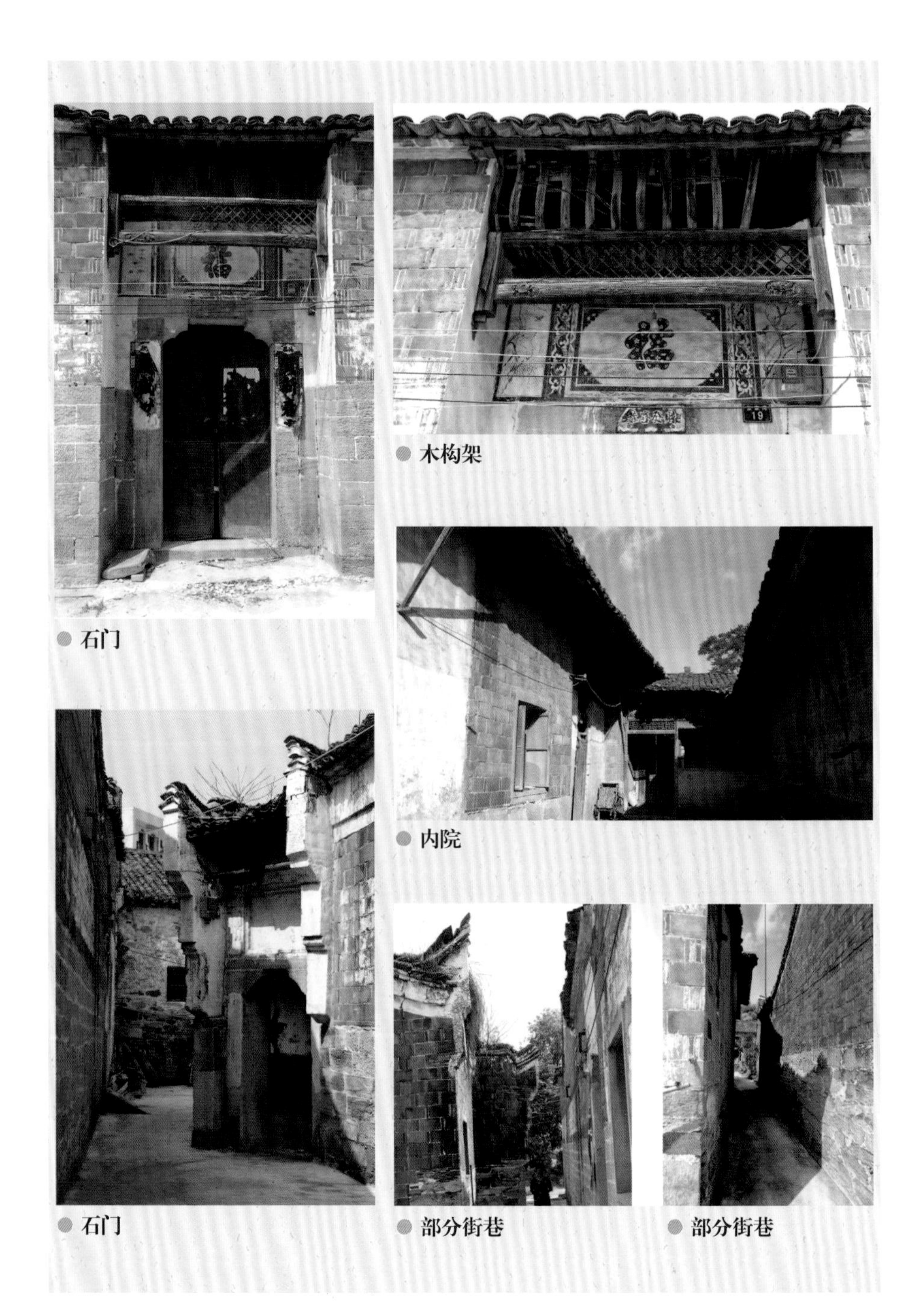

石门

木构架

内院

石门

部分街巷

部分街巷

谢家院子

正立面

石门

石墙

谢家院子

檐口装饰

檐画

陈田村

宗祠

鸟瞰图

石屋

石巷 1

石砌建筑

石阶

石巷 2

石巷 3

石墙

水井

大胡楼

石墙 1

小巷

石龛

石墙 2

石屋

石巷

屋檐

付下湾

石门 1

小马头墙

石屋 1

石屋 2

石巷

石墙

石屋 3

石门 2

石屋 4

石屋 5

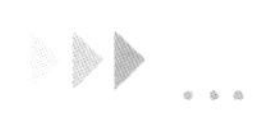

文兹湾

石屋 1

内院

石门

石木门

石屋 2

石墙 1

石屋 3

石屋外墙

石墙 2

雨台村

窑门

石屋 1

石阶 1

石屋 2

石屋 3

石阶 2

石台

石板

石屋 4

赵家畈

石檐 1

石檐 2

石屋 1

小巷

石墙 1

石墙 2

童家湾

● 石门 1

● 石巷

● 墙体 1

● 墙体 2

● 石墙 1

● 石墙 2

● 石门 2

● 石屋

南冲塆

南冲塆

小马头墙 1

小马头墙 2

石井

石砌构件

石屋

石巷

小马头墙 3

参考文献

[1] 王竹,范理扬,王玲."后传统"视野下的地域营建体系[J].时代建筑,2008(2):28-31.

[2] 单卓然,黄亚平."新型城镇化"概念内涵、目标内容、规划策略及认知误区解析[J].城市规划学刊,2013(2):16-22.

[3] 宋凌,林波荣,朱颖心.安徽传统民居夏季室内热环境模拟[J].清华大学学报(自然科学版),2003(6):826-828.

[4] 金虹,张伶伶.北方传统乡土民居节能精神的延续与发展[J].新建筑,2002(2):17-19.

[5] 王翠霞,张爱军,张晓丹.草砖建筑在豫北地区农村住宅中的应用前景[J].工业建筑,2010(11):39-42.

[6] 邢谷锐,徐逸伦,郑颖.城市化进程中乡村聚落空间演变的类型与特征[J].经济地理,2007(6):932-935.

[7] 王亮,马铁丁.从新疆民居谈气候设计和生态建筑[J].西北建筑工程学院学报,1994(2):35-38.

[8] AKINCITURK N,KILIC M. A study on the fire protection of historic Cumalıkızık village[J]. Journal of Cultural Heritage,2004, 5(2): 213-219.

[9] CHEN B,NAKAMA Y. A study on village forest landscape in small island topography in Okinawa, Japan[J]. Urban Forestry & Urban Greening,2010, 9(2): 139-148.

[10] QIAN J X, HE S J, LIU L. Aestheticisation, rent-seeking, and rural gentrification amidst China's rapid urbanisation: the case of

Xiaozhou village, Guangzhou[J]. Journal of Rural Studies, 2013, 32: 331-345.

[11] BROWN S K, DARWENT C M, Sacks B N. Ancient DNA evidence for genetic continuity in arctic dogs[J]. Journal of Archaeological Science, 2013, 40(2): 1279-1288.

[12] ROBINSON M E, MCKILLOP H I. Ancient Maya wood selection and forest exploitation: a view from the Paynes Creek salt works, Belize[J]. Journal of Archaeological Science, 2013, 40(10): 3584-3595.

[13] TANG L, NIKOLOPOULOU M, ZHANG N. Bioclimatic design of historic villages in central-western regions of China[J]. Energy and Buildings, 2014, 70: 271-278.

[14] YING T Y, ZHOU Y G. Community, governments and external capitals in China's rural cultural tourism: A comparative study of two adjacent villages[J]. Tourism Management, 2007, 28(1): 96-107.

[15] ELIAS S A. Environmental interpretation of fossil insect assemblages from MIS 5 at Ziegler Reservoir, Snowmass Village, Colorado[J]. Quaternary Research, 2014, 82(3): 592-603.

[16] BAĞBANCI M B. Examination of the failures and determination of intervention methods for historical Ottoman traditional timber houses in the Cumalıkızık Village, Bursa-Turkey[J]. Engineering Failure Analysis, 2013, 35: 470-479.

[17] MOURTZAS N D, KOLAITI E. Historical coastal evolution of the ancient harbor of Aegina in relation to the Upper Holocene relative sea level changes in the Saronic Gulf, Greece[J]. Palaeogeography,

2013, 392: 411-425.

[18] MCKECHNIE I. Investigating the complexities of sustainable fishing at a prehistoric village on western Vancouver Island, British Columbia, Canada[J]. Journal for Nature Conservation, 2007, 15 (3): 208-222.

[19] CHEN B X, NAKAMA Y, KURIMA G. Layout and composition of house-embracing trees in an island Feng Shui village in Okinawa, Japan[J]. Urban Forestry & Urban Greening, 2008, 7(1): 53-61.

[20] CAPACCIONI B, CINELLI G, MOSTACCI D, et al. Long-term risk in a recently active volcanic system: evaluation of doses and indoor radiological risk in the quaternary Vulsini Volcanic District (Central Italy)[J]. Journal of Volcanology and Geothermal Research, 2012, 247-248: 26-36.

[21] ROOS C I, NOLAN K C. Phosphates, plowzones, and plazas: a minimally invasive approach to settlement structure of plowed village sites[J]. Journal of Archaeological Science, 2012, 39(1): 23-32.

[22] CHAWLA H M, PANT N, Kumar S, et al. Synthesis and evaluation of novel tetrapropoxycalix[4]arene enones and cinnamates for protection from ultraviolet radiation[J]. Journal of Photochemistry and Photobiology B: Biology, 2011, 105(1): 25-33.

[23] 刘戈，黄明强. 村镇住宅建筑节能适宜技术评价[J]. 建筑技术，2015(2): 113-115.

[24] 苗慧民. 村镇住宅节能屋面保温隔热系统研究[D]. 大连：大连理工大学, 2009.

[25] 刘炜，张慧，李百浩. 丹江口水库淹没区传统民居研究[J]. 武汉理工大

学学报(社会科学版),2007(4):536-539.

[26] 赵黛青,张哺,蔡国田.低碳建筑的发展路径研究[J].建筑经济,2010(2):47-49.

[27] 李启明,欧晓星.低碳建筑概念及其发展分析[J].建筑经济,2010(2):41-43.

[28] 李兵.低碳建筑技术体系与碳排放测算方法研究[D].武汉:华中科技大学,2012.

[29] 邓水兰,黄海良,吴菲.低碳农村建设问题探讨——以江西为例[J].江西社会科学,2012(8):61-65.

[30] 李佳艺,李子龙,孙略添.东北地区村镇住宅适宜节能技术研究[J].吉林建筑工程学院学报,2014,31(5):38-40.

[31] 张乾,李晓峰.鄂东南传统民居的气候适应性研究[J].新建筑,2006(1):26-30.

[32] 张乾,李晓峰.鄂东南传统民居的天井形态特征与日照环境研究[J].华中建筑,2013(1):177-180.

[33] 王欢,张乾.鄂东南传统民居天井光环境定量研究[M]//华中科技大学建筑与城市规划学院.AUing——与时代同行:第七届全国建筑与规划研究生年会论文集.武汉:华中科技大学出版社,2009:253-258.

[34] 江岚.鄂东南乡土建筑气候适应性研究[D].武汉:华中科技大学,2004.

[35] 王怡.寒冷地区居住建筑夏季室内热环境研究[D].西安:西安建筑科技大学,2003.

[36] 杨令.鄂东北地区农村住宅节能设计研究[D].武汉:武汉理工大学,2008.

[37] 王秀珍.夏热冬冷地区村镇住宅的生态设计研究[D].长沙:湖南大学,2006.

[38] 程龙,董捷.基于生态位适宜度模型的城乡建设用地增减挂钩规划方法研究 [J].中国人口·资源与环境,2012,22(10):94-100.

[39] 王舒扬,宋昆.寒冷气候城市郊区农村住宅节能策略与技术手段[J].建筑学报,2009(10):93-95.

[40] 李百浩,杨洁.湖北乡土建筑的功能、形式与文化初探[J].华中建筑,2007,25(1):176-179.

[41] 谢冬明.湖南北部地区村镇住宅热环境及节能技术研究[D].长沙:湖南大学,2008.

[42] 经鑫.传统民居墙体营造技艺研究——以鄂东南地区为例[D].武汉:华中科技大学,2010.

[43] 刘伟.湖南中北部村镇住宅低技术生态设计研究[D].长沙:湖南大学,2009.

[44] 张鹏.湖南中北部村镇住宅适宜节能技术研究[D].长沙:湖南大学,2009.

[45] 杨秋莉.基于《绿色建筑评价标准》的绿色建筑设计初探[J].建筑工程技术与设计,2016(5):2045.

[46] 刘帅.基于低碳经济的青岛市新农村建设内容与路径研究[D].青岛:青岛科技大学,2012.

[47] 吉琳娜.建筑节能技术选择及其政策研究[D].西安:西安建筑科技大学,2008.

[48] 张慧玲.建筑节能气候适应性的时域划分研究[D].重庆:重庆大学,2009.

[49] 朱丹丹,燕达,王闯,等.建筑能耗模拟软件对比:DeST、EnergyPlus and DOE-2[J].建筑科学,2012,28(s2):213-222.

[50] 闫玮.建筑自然采光优化设计策略探讨[D].上海:同济大学,2009.

[51] 黄茜.节能建筑模块化体系设计与评价及仿真优化方法研究[D].武

汉：武汉理工大学，2012.

[52] 闫雯.解析夏热冬冷地区小城镇住宅门窗节能技术措施[J].门窗，2013(8)：193-194.

[53] 李荣.重庆农村住宅外围护节能分析与研究[D].重庆：重庆大学，2011.

[54] 蒋路.欧洲低碳建筑发展及其技术应用研究[D].天津：河北工业大学，2012.

[55] 丁晓红，胡海洪.夏热冬冷地区既有居住建筑围护结构节能改造技术浅析[J].建设科技，2015(9)：68-69.

[56] 张利.谈一种综合的建筑技术观[J].建筑学报，2002(1)：52-54.

[57] 杜涛.我国发展低碳农村存在的问题、原因与对策探讨[D].呼和浩特：内蒙古财经学院，2011.

[58] 杨子江.夏热冬冷地区小城镇住宅门窗节能技术措施[J].工业建筑，2005，35(7)：19-22.

[59] 王舒扬.我国华北寒冷地区农村可持续住宅建设与设计研究[D].天津：天津大学，2011.

[60] 周建发.我国建设低碳农村的现状·问题与对策[J].安徽农业科学，2012(9)：5640-5642.

[61] 韩杰，张国强，周晋.夏热冬冷地区村镇住宅热环境与热舒适研究[J].湖南大学学报(自然科学版)，2009(6)：13-17.

[62] 吴宏伟，张涛，赵永，等.夏热冬冷地区居住建筑围护结构的节能影响分析[J].山西建筑，2015(13)：194-196.

[63] 朱吉顶，孙荣荣.夏热冬冷地区农村住宅节能设计与技术措施[J].建筑技术，2011，42(6)：557-559.

[64] 李俊鸽，杨柳，刘加平.夏热冬冷地区人体热舒适气候适应模型研究[J].暖通空调，2008，38(7)：20-24，5.

[65] 焦杨辉.夏热冬冷地区住宅窗户节能技术研究[D].长沙:湖南大学,2008.

[66] 杨子江,黄恒栋.夏热冬冷地区小城镇住宅屋面节能技术措施研究[J].节能技术,2006(5):415-418.

[67] 刘晶.夏热冬冷地区自然通风建筑室内热环境与人体热舒适的研究[D].重庆:重庆大学,2007.

[68] 孟庆林,刘亚,任俊,等.夏热冬暖地区住宅围护结构隔热构造技术及其效果评价[J].新型建筑材料,2001(2):27-30.